奋斗吧青春，莫要虚度时光

文博 著

吉林文史出版社
JILINWENSHICHUBANSHE

图书在版编目（CIP）数据

奋斗吧青春，莫要虚度时光 / 文博著. -- 长春 ：
吉林文史出版社，2020. 1
ISBN 978-7-5472-6500-0

Ⅰ. ①奋… Ⅱ. ①文… Ⅲ. ①成功心理-通俗读物
Ⅳ. ①B848. 4-49

中国版本图书馆 CIP 数据核字（2019）第 158816 号

奋斗吧青春，莫要虚度时光

FENDOU BA QINGCHUN MO YAO XUDU SHIGUANG

著　　者 / 文博
责任编辑 / 孙建军　董芳
出版发行 / 吉林文史出版社有限责任公司（长春市人民大街 4646 号）
网　　址 / www.jlws.com.cn
版式设计 / 文贤阁
印　　刷 / 北京欣睿虹彩印刷有限公司
版　　次 / 2020 年 1 月第 1 版　2020 年 1 月第 1 次印刷
开　　本 / 880mm×1230mm　1/32
字　　数 / 160 千字
印　　张 / 8
书　　号 / ISBN 978-7-5472-6500-0
定　　价 / 42. 80 元

一年有四季，人的一生也有四季：少年时犹如生机盎然的春天，懵懂、天真，到处充满着欢声笑语和我们对未来的美好憧憬；青年时犹如阳光绚烂的夏天，热情、执着，外界的磨难也无法浇灭我们心中的渴望；中年时犹如硕果累累的秋天，成熟、稳重，能够以更加平和的心态与眼光看待世界，给我们增添了一份成熟的魅力；晚年时犹如白雪皑皑的冬天，一切都归于平淡。在这缤纷绚烂的四季中，最丰富精彩、充满无限可能的必然就是春季与夏季，这也是我们人生中最美好的年华——青春。

总听人说，青春是一首动听的欢歌，是一首优美的小诗，是我们一生中最美好、最灿烂的时光。但正值青春的人总是毫无所觉，任由青春时光匆匆流逝。当青春已逝，人们蓦然回首时，才猛然发现，自己在最应该奋斗的青春时光里偷懒了。

尽情哭过、笑过，将汗水挥洒尽，才是一个无悔的青春，如果茫然而虚无地度过了你的青春岁月，那么你的青春就是一片荒芜，此后的无数个日日夜夜里，你将会为自己没有在最好的年华里拼搏、奋斗而悔恨不已。

青春，总是悄无声息地开始，令我们猝不及防，又会在我们刚刚意识到它的存在时残酷地结束。它是这样的短暂，还未来得及挥霍，就无影无踪了。一生仅此一次的青春，难道你就甘心任它悄然溜走？当然不！奋斗过、努力过、争取过，才是无悔的青春。

其实，青春就是一次旅行，途中的道路并不平坦。但这并不是你放弃努力的借口，只有在崎岖坎坷的路上拼尽全力、奋勇前行，我们才能发挥出自己的全部力量，才能让我们的人生更加绚烂。人生没有坦途，人生百味，就应该无数次往返于探索前方的道路之中，就应该一次一次地从陷阱里起死回生。

青春是捧在手中的流沙，不知不觉便流出你的掌心。

青春是划过天边的流星，只一眨眼便已经悄然逝去。

青春是夜空绚烂的烟花，想要看清却已然来不及。

本书以奋斗、梦想、爱情等七项主题为章，串联起了生活的点点滴滴，以一个又一个生动的故事为我们展现了平凡、真实而又深刻的道理，遍布着生活的智慧，字里行间都充满了温暖的气息。书中虽难免有不尽如人意之处，但仍然希望本书能够给您带来惊喜和感动。

第五章

青春苦一阵子，换得甘甜一辈子

第六章

拒绝拖延，奋斗的青春从现在开始

第七章
在最美的时光，遇见最好的爱情

第一章

青春可以迷茫，但不可以荒废

当你不知道走哪条路时，选难走的那一条

[1]

最近，我的一个好哥们儿大军，跟我聊了一些关于“选择”的话题。事情是这样的，他所在的银行最近技术岗位有个机会，他想去试试，但是他已经做了两年业务了，一方面，技术荒废了不少，另一方面，他又不想把做业务积累的资源就这样白白抛弃。所以，他感觉很困扰也很迷茫，一直心神不宁的，不知道怎么选才好。

记不清在哪里看到过这样一句话：人只有在还有得选的情况下，才会感觉困惑和迷茫，如果只有一个选择，只能硬着头皮去做，反而没那么纠结。

清华大学前副校长施一公曾说过：“有些人在遇到困惑和迷茫的时候，总是认为我要先把迷茫解决，把所有问题想清楚了才能走下一步，这样我很不认可。我认为：不要给自己理由！当你觉得兴趣不足、没有坚定信心、家里出了事情、需要克服心理阴影、面对痛苦往前走的时候，不论家庭、个人生活、兴趣爱好等方面出现什么状况，你应该全力以赴，应该处理好自己的生活，往前走。不要给自己理由。因为你一旦掉队，你的心态会改变，很难把心态纠正过来。”

所以，与其陷入犹豫和徘徊中，还不如果断地做出决定，然后去尝试。于是，我跟大军说，当你迷茫了，不知道该如何选择时，就选择难走的那条路吧。

[2]

我相信，很多人都经历过这种迷茫。我们的迷茫可以分为两类：一是完全没有方向，是真正的迷失；二是站在十字路口，不知道如何选择。

如果你的迷茫是第一种，那就是因为缺乏目标和理想。这种迷茫根本还没有涉及所谓的难和易，在这种情况下，你应该停下来好好思考一下自己想要追求什么，找准自己的方向，然后去努力、去实现。

如果你的迷茫是第二种，那就是向左走还是向右走的问题。其实，没有人知道哪条路会更容易，或者哪个选择将来会更好。人们总是想做出那些对自己有利、有益的选择，但究竟什么是最好的选择呢？没有人能打包票，只能将来回头看。

但是，人们都有趋利避害的心理，很多人为了逃避眼前短期的痛苦，而陷入以后的长期痛苦中，也有的人为了眼前的一点儿利益而牺牲了长远的利益。就像电影《闻香识女人》里史法兰中校说的：“我知道什么是正确的，在人生的每一步，我都知道；但每一次我都走向了反面。为什么？因为太苦了。”是的，人生都是苦的，但面对困难和问题时，总是要去解决的，选择无非两个，或者现在就去面对它，或者暂时逃避，但是以后还是要去解决。而敢于选择难走的那条路不但是勇气的表现，也是理智的权衡。

生活都是你自己的选择和你努力的结果，如果你选择了容易的那条路，那么你也只配拥有目前你拥有的，因为你连苦都不想吃，还有什么可以抱怨的呢？

[3]

跟大军聊天儿的过程中，我也回想起了这么多年来，那些我面临选择的时刻。现在回头去看，我很庆幸每次面对选择的时候，自己没有选择那条容易的路。

第一次面临选择是高中择校的时候。

当时很多人都是选择镇上的一所高中，因为离家近，家长说这样安逸一点儿，能住在家里，即使住校也可以经常回家，这样就可以充分享受来自家庭的照顾。但是我却选择了市里的一所私立学校，因为我的内心渴望着更宽广的天地，我想站在更广阔的舞台上。我一直信奉“读万卷书，行万里路”这句话，大丈夫四海为家，如果一直沉溺于眼前的一点儿安逸与舒服，你怎么可能走得更远呢？

第二次面临选择是在高考失利之后。

第一次高考，我考得并不理想，成绩只够二本的分数线，用失误都无法解释，可能是心态的问题。很多人都安慰我说：“你只是失误，也努力过了，可能是运气不好，或者这就是命吧。认命吧。”

亲戚和朋友也说："要不就将就吧，读一所普通的二本，到了大学再努力好了。"也有一些考得不理想的同学说："高三那么苦，我可不想重新再来一遍，大学多好啊，不用早起也不用上晚自习，我们还是早点儿去享受大学的美好生活吧！"

但是，我当时坚定地选择了复读，一是对自己实力的自信，二是我不愿意将就，更不愿意认命。于是，当身边的很多同学都在享受大学的美好时，我却在朝五晚十二地学习，那一年到底有多辛苦，内心有多孤独，复读过的人应该会懂得。但是我没有抱怨过，也没有后悔过。正是这份坚定，让我考出了比较理想的分数，也是这种不愿意将就，让我来到了南开大学。

第三次面临选择是大学毕业的时候。

大三的时候，大家都面临读研、工作、出国等选择的困扰。对于考研，很多同学都选择了留在本校，因为在本校待了四年，对学习、生活等各方面比较熟悉，而且认识的同学和朋友也多，朋友圈子比较舒适。也有很少的一部分人选择了去工作，当时，有一个找工作的同学对我说："考研干吗啊，还不如直接找工作得了，辛辛苦苦准备一年，累死累活的，也有可能考不上，到时候还不是要去找工作。"但是，我没有听这些，我坚定地选择了考研，因为我知道我的未来不在这里，我的心想要去“草长莺飞”“落英缤纷”的江南。

所以，最开始准备考研的时候，全班几乎只有我一个人，从搜集资料开始，到背书、啃题目，夏天汗流浃背，冬天冻得要死，那一年的辛苦和孤独，只有自己知道，但是我坚持了下来。最终考研成功，我发现这一切付出都是值得的，我喜欢杭州这个城市，喜欢西湖边的环境，喜欢这个古朴的学校，大学四年，我的心从来没有这么自由和开心过。后来，我还在这儿遇到了我的女朋友，现在她已经成了我的妻子，我们也有了自己的宝宝。

[4]

有时候，我也会想，如果我高中选择了镇上的高中，如果高考失利后我没有选择复读，如果本科毕业我就选择了工作，那么我现在会在哪里呢？生活充满了偶然和未知，人生也经不起假设。在面对任何一个选择的时候，我如果选择了容易的那个，我都不可能成为今天的我，也不可能过着现在的生活。

我并不是在“炫耀”自己吃过多少苦，也没有说学历多么的重要，但是那些年求学过程中的选择，却让我在不断地提升自己的眼界和能力。当然，我更没有说我现在比很多人活得好。有一些初中就辍学的同学，抓住房地产那一波机会，如今身家已经千万了；也有一些高中毕业就出来工作的同学，抓住了淘宝和网上购物的发展机会，现在也很有钱，过得比我舒服多了。但我没有不忿，也没有太多的羡慕，因为我知道，生活都是由自己选择和创造的，而且我知道自己曾经努力过，也知道我的努力方向和志向在哪儿，所以我的内心是平和的。

正是不怕吃苦、不服输的性格以及不安分的心，支撑我走到了今天，虽然目前的工作和生活状态并不完全是我理想中的，但是我知道自己一直在努力，一直在路上。

就像王小波在《青铜时代》中说的："永不妥协就是拒绝命运的安排，直到它回心转意，拿出我能接受的东西来。"就像汪峰在《勇敢的心》里唱的那样："凭借着一颗永不哭泣、勇敢的心。"

所以，每当你面临选择的时候，不要犹豫徘徊；权衡的时候，也不要怕吃苦；选完了之后，更不要去后悔。就像找工作这件事，你可以选择朝九晚五的工作，也可以选择具有挑战性的工作，只要你喜欢和认可这份工作，并能投入激情和努力，而且内心感到满足，就没有什么不好，最怕的就是，一切都是你自己选择的，最后却还在抱怨。

王小波还有一句话我非常喜欢，用在这里也非常合适："人在年轻时，最头疼的一件事就是决定自己这一生要做什么。总而言之，干什么都是好的，但要干出个样子来，这才是人的价值和尊严所在。"

但是，我还是想说，当你面前有两条路，而你不知道该如何选择的时候，选难走的那一条。这些年，我也有一些时候选择了容易的那条，虽然不多，但是每一次我都后悔了。

甘于平庸是使青春荒废的毒药

甘于平庸，一个说起来轻飘飘的词语，却可能压弯了青春的脊梁。

小雅是我的大学同学，她在刚上大学的时候便开始与明子交往。毕业以后，小雅和男朋友明子去了同一座城市，扬言要一起奋斗。

明子学的专业是设计，但设计师的工作竞争太激烈了，为了能够尽快适应社会，明子没有选择与设计相关的工作，而是成了一个公司的文员，终日埋头于各类公文之中。

明子很快就适应了办公室文员的工作节奏，再加上他与周围的人都能很好相处，所以每天都过得很惬意。在这样的环境中，明子慢慢地放下了成为一名设计师的念头，觉得就这样干下去也是一个很不错的选择。

大学的时候，明子与小雅是人人羡慕的一对，郎才女貌，感情基础牢固，他们一起上课、一起学习、一起进步，每天的生活都充满了希望。但是明子自从做了文员以后，似乎失去了往日的激情。生活上，他变得懒懒散散，一下班就是窝在家里打游戏。工作中，他在同一个岗位上一干就是两年，工资没有一点儿变化。他们的生活质量不但得不到丝毫提升，反而随着物价的上涨而不断下降。他们的生活已经经不起一点儿波折，如果哪天出现了一点儿变故，他们就可能露宿街头。而且小雅认为明子其实是个很有才华的人，他待在现在的岗位就是在埋没自己。大学的时候，两人正是因为志向相投才走到了一起，如今却背道而驰，越走越远。为此，小雅旁敲侧击地向明子提过几次，明子却不为所动，笑呵呵地搂着她，逗她开心。

不思进取的舒适生活是一瓶慢性毒药，它让一个人的青春慢慢荒芜，不仅会毒伤自己，还可能连累到身边的人。

不幸的事情果然还是发生了。就在不甘平庸的小雅刚刚辞职想要自己创业的时候，由于公司不景气，明子的公司裁撤冗员，明子就在被裁的行列。小雅顿觉他们的未来一片黑暗，不知道以后该怎么走下去。

庆幸的是，失业、生活的无以为继以及小雅歇斯底里的控诉，对明子的心里造成了很大的冲击，为避免生活和爱情支离破碎，他不得不重新思考自己的人生。

明子很感谢小雅对他的劝导与支持，经过这样的打击之后，他重新审视自己，决定回归自己所学的专业领域，他先去了一家工作室做了设计师助理。

由于太久没有接触这个领域，明子工作起来很吃力，但他已经没有了退路。在这种艰难的境遇下，他的坚韧与斗志在这个自己曾经热爱的领域被重新激发出来。上班期间他认真工作，下班之后也加班加点地学习，以弥补那些被他荒废了的时间。

小雅看着他逐渐找回自己，由衷地为他高兴。明子之前消沉的时候，给自己的心里筑了一道墙，这道墙挡住了自己的视线，挡住了自己和小雅的未来。

明子的才情不平庸，但是他甘于平庸，小雅和他说再多，也没有办法让一个自甘堕落的人有鸿鹄之志。志向是自己给的，路是自己走的，努力需要自己付出，只有经历了平庸带给他的创伤，他才能在这残酷的现实中清醒过来，重燃斗志，再次拥有一个年轻人应有的热情与活力。

年少的时候，我们有无限的精力去做梦，畅想未来的自己该是如何了不起，会取得怎样的成绩，给家人怎样的生活，还能大胆地告诉全班同学，自己长大以后想成为科学家、飞行员、大明星。但长大后的我们从不去思考自己该如何实现梦想，反而沉溺于吃喝玩乐，拿着看不到希望的平庸成绩，让自己的梦想变成了一句空话，最终成为一个被生活磨灭了梦想的庸人。

这些平庸者不仅失去了年少轻狂时候的梦想，没有了做梦的能力，连普通人升职加薪的追求都没有了，不得不说这是一件极其可悲的事情。

如果不想被生活磨成一个庸碌无为的人，就必须要正视自己，如果你一无所知，就要去学习；如果无一技之长，就要去掌握它；如果你捉襟见肘，就努力通过自己的双手去赚取。

一个一事无成的人，就连孝顺自己的父母、奉献自己的爱心都做不到。家人朋友遇到难事，你只能双手一摊，一点儿忙都帮不上；路边的小猫小狗受伤了，你连一点儿医疗费都付不起。所以，还在游手好闲、感叹怀才不遇的你，快快行动起来，至少成为一个对自己、对家人、对朋友有用的人，而不仅仅是一个“亲朋好友”

的符号。

如果你挣扎在平凡的岗位上，就请捡起自己的梦想，为了梦想去奋斗，你的人生才不会了无生机。

甘于平庸是使青春荒废的毒药，拒绝平庸，你会看到更远的天地。

懒于思考等于慢性自杀

不知道你有没有这样一种感觉：我们似乎每天都忙忙碌碌，却不知道自己究竟在忙什么，又为什么而忙。

事实上，我们整日里都是在茫然而又盲目地忙碌，好像无头的苍蝇，到处乱碰乱撞。我们不愿思考忙碌的意义，也懒于思考人生的方向。

霞子上大学的时候，是被调剂到中文系的，她本人对这个专业没有丝毫兴趣，所以一开学她就是一副宛如要踏上战场的模样，打算硬着头皮和这个专业相伴四年。

庆幸的是，她遇到了一个很好的教文学写作的老师。

第一堂课就有人迟到了。这位老师在点名的时候，明显看出来教室少了人，但她丝毫不生气，只说："请同学们转告迟到的同学，每人写一个五百字的小故事，下堂课交给我。"

同学们惊诧于老师的冷静，毕竟刚上大学，同学们都还保持着高中时期处处谨慎的心理，没想到就这么轻描淡写地过去了。

老师对于课堂的管理很灵活，她的标准是，每堂课都点名，但是不登记，条件是迟到的人需要交一个五百字的原创小故事，旷课的人要交一份两千字的小故事，要求一周内完成，如果完成不了就会被录入教务系统。

从那以后，霞子每堂课都不来了，只在下周上课的时候交一篇故事。为了能够写出原创作品，霞子课下就免不了要去书本、报纸中去找故事，时间久了，她就慢慢迷上了文学创作，觉得这个专业还挺有意思，还立志以后要做一名自由撰稿人。

但是霞子故事写多了之后，就慢慢懈怠了，她不再像刚开始那样费心思考，而是找到了套路，每次不到两个小时就能套出一篇故事来。

这种做法可是违背了老师的初衷。老师的原意是，写一篇故事需要认真思考很久，如此一来，整个一周他们都需要为创作而费神。可现如今，霞子故事写得倒是不少，但收获却非常有限。

可霞子丝毫不觉得，她反而觉得自己挺厉害，有文学创作的天赋，于是，她不断地给各个文学杂志社投稿，但总被拒绝。

到了大三，有一次她很认真地写完一篇稿子，她紧张地问室友：“你说我这次可以过吗？”

室友不忍心打击她，说：“你这么勤快肯定能过的。”

结果可想而知，投出的稿件石沉大海，音信全无。

对于这次的失败，霞子很是灰心，准备了这么久，竟然还是这样，她很不甘心，决心找出原因，于是，她让室友帮忙看了一下自己的作品。

室友看完她的作品后哭笑不得，问她：“你投稿都不看人家杂志社的要求吗？你这篇稿件和这家杂志社的征稿要求完全不符，能通过才怪呢。还有，你的故事情节千篇一律，能不能换一种思路，让它更戏剧化一点儿，另外，你的语言表达能力也需要再提高一下。”

霞子很受挫，没有想到自己竟然存在这么多问题，自己之前写故事，都是先浏览很多作品然后按照这个模式套进去的，所以没有在构思上真正下过功夫。

室友安慰霞子说："你写的文章已经不少了，接下来你需要思考的是如何提高写作水平。你可以试着改编一些比较经典的作品，练练手，慢慢就好了。记住，一定要多思考。"

霞子经过室友的提点之后，明白了许多，自己虽然一直在埋头写稿，但是从来都懒得思考，如此就没有进步，自己的创作水平还停留在之前的状态。这一点让霞子很惭愧，她觉得自己简直做了两年糊涂虫。霞子开窍之后，尝试改编了几篇短篇小说，对于文字的驾驭能力有了明显提高，因为之前写稿经验相对比较丰富，开窍之后进步很快，这样就有一家公众号接收了她的稿件，由此她获得了靠写作赚的第一桶金。

在生活中，像霞子这样懒于思考、盲目做事的人不在少数。他们每天看上去也是忙忙碌碌，但是这些忙碌在他们的脑袋里就是雁过不留痕，勤奋不过是掩盖他们思想懒散的帷幕。

思考是一件比较费神的事情，但如果不思考，整个人生就会陷入机械的运作中。

人的一生并不长，青春更是十分短暂，懒于思考、浑浑噩噩地过日子，无疑白白荒废了自己的大好青春。而那些肯计划自己未来的人，才无愧于自己仅有一次的青春。

找到与这个世界恰当的相处方式

我任性的外甥女：

你的母亲是我的姐姐，你是你的母亲含辛茹苦供养出来的大学生，现在你毕业参加工作刚一年多，工作却已经换了三、四份，所以你是我任性的外甥女。

月初，你跟我说要到北京来找我，帮我干一个月活儿，可以不要工资，我直接拒绝了——你连自己都帮不了，怎么来帮我呢？

出于一个做舅舅的苦心，我建议你去北京的肯德基或者麦当劳工作两个月。你问我为什么，我说你需要先理解什么是工作。这是我从别人那里学来的好办法，以后肯定会用在你表弟身上。不过，我猜想，你肯定不会采纳我的意见，或许还会在心里骂我。

我对你早年的任性记忆犹新。你拿到那所二本大学的录取通知书后，我就让你提前去了北京。你说毕业以后想留在北京工作，也不愿意去考公务员，我对此表示赞许。

我想这是一个良好的开端，接着就给你报了一个英语短期培训班，内容是电影英语。你中学的英语学得不错，对于一个农村中学出来的姑娘，这是一个多么了不起的优势。人生成功的关键不就是要最大化地发挥长处吗？我觉得我找到了帮助你成功的切入点。

语言是神奇的。你可能根本无法理解，当一个年轻姑娘用简单精确的语言说话时，她身上会被一种魔力所环绕，这种魔力的能量超过了脸蛋儿、身材和衣服，从而影响和打动周围所有的人，更不用说那些年轻的小伙子了。

语言显然是相通的，英语的专业训练，自然也会极大地增强我们对中文的感受力，反过来也成立。你舅妈就是一个现成的例子。中学时，她是英语课代表，每次都被英语老师点名起来读英语课文。在英语的带动下，她的语言综合能力越来越强，工作后做文化报道方面的记者也很成功，后来成了大网站的读书频道副主编，团队带得也很好。

毫无疑问，这种由语言表达所产生的魅力，也深深地吸引了我。

你没有理解英语和语言的重要性，也没有明白形成某种优势的重要性，更没有明白专注于某个自己擅长的东西，从而撬动其他一切的方法论的重要性。

不出所料，大学开学后，你果然选择了随大流，既没有自谋发展，也没有努力领先，相反，却是坚决地参与了衣服和手机之类的“军备竞赛”。

大学四年，你时常跑来找我们，但你从来没有咨询过与个人发展有关的问题，也没提出过任何能够帮助你提升个人价值的需求，只是喜欢参与成年人的吃喝或是游山玩水。有几次，我向你的母亲表达了忧虑，她却一直沉浸在自豪和慈母的宽容之中。

我预料到了你今天的结果：一个不值钱的文凭+面目模糊的职业形象+欲望大过努力的工作态度=没有希望、自怨自艾的人生。

前几天，你在微信里说不想做运营工作了，想去做策划，问我的意见。我当时感觉又好气又好笑，没有回答。我知道，现在你开始着急了，脑子里满是问号，但你并没有把人生和工作的意义想清楚，依然不愿意去面对自己太过任性的现实。天知道你还要多久才能幡然醒悟，也许永远也无法从装睡的状态中苏醒了。

你舅妈说，我这个人最大的特点就是无与伦比的乐观。所以，今天我还是要帮你解答一个真正的问题：一个年轻姑娘如何与这个世界友好地相处？

每个人都希望能与这个世界友好地相处。但是，年轻姑娘是一个特殊群体，尤其需要找到可行的特殊方法，才有可能如愿以偿。

在过去的三十多年中，我见过了不计其数的年轻姑娘，其中不少算是同龄人中的佼佼者，不过总体来说，找到了与这个世界恰当相处方法的人实在是少数。多数人都以跟你现在类似的方式结束了自己的年轻时代，成了一个不再年轻的“姑娘”。

我认为以下 3 点是那些少数胜利者的共同之处：

1. 要比其他年轻姑娘都勤奋。

虽然美貌和好身材很重要，但是懒惰会让来自身体的魅力荡然无存，懒惰不仅会让你失去好的工作机会，也会让你失去人生中绝大多数美好的东西。具体来说有两个方面：

（1）一个年轻姑娘应该提前半个小时到办公室，延后 1 个小时左右再离开办公室。

（2）每天整理房间，主动地干家务。

2. 要比其他年轻姑娘读更多的好书。

“近朱者赤，近墨者黑。”你想让自己变得优秀，让自己充满魅力，你就要尽量跟优秀的人在一起。按照人口统计分布的规律，我们周围能直接接触到的绝大多数都是普通人。怎么办呢？读书嘛。

如果你天天跟冰心、毕淑敏、周国平在一起，你一定会从年轻姑娘中脱颖而出。让你即便不再年轻的时候，也依然保持美丽。

3. 要比其他年轻姑娘学会更恰当地说话。

我在上面已经详细说明了语言能力的重要性。简洁和准确的语言不仅有利于沟通，更会从根本上塑造一个人。好的语言会训练你的大脑，也会帮助你有效管理自己的情绪。

除了阅读之外，写作是非常有效的训练办法。德鲁克说，写作是大学生唯一可以从学校学到的实用技能，但是很少有大学重视写作课。你可以写影评，写读书笔记，自己开一个订阅号写文章，也可以写日记等。

一个事业小有所成的朋友曾对我说，大多数人都在做错误的事情，所以我们只要做对一点儿事情就足够胜出了。

我真羡慕你，在这么年轻的时候，就有机会了解这些真正重要的东西，学习这么简单有效的方法。

我今天要说的就这些了。

爱你的舅舅

2019 年 1 月于北京

自己选择的路，应当拼命去走

大学毕业那会儿，摆在晓晓面前的有两条路：一条是接受父亲的安排去一家事业单位；另一条是自己揣着毕业证和会计证，去人才市场找工作。她选择了第二条路。

经辅导员推荐，晓晓有幸去一家工厂实习，厂子的效益好到没话说。一时间，她春风得意。晓晓染了头发，买了时装，涂了口红，做了指甲，俨然一副“office lady”（白领丽人）的派头，在偌大的办公室里，冲泡着廉价的速溶咖啡，和同事们愉快地聊着天儿。

两个月之后，晓晓被主管叫到了办公室，主管对她说：“很抱歉地通知你，看你工作的状态，我觉得你不适合在我们工厂工作，你还是另谋高就吧。”

闹铃准时在六点半响起，晓晓躺在床上突然意识到自己被炒鱿鱼了，这是她职业生涯中第一次受遭挫折，她很沮丧，并且一度怀疑自己。

父亲火冒三丈，他说："你早该听我的，没那个能耐还不让我安排，现在居然丢了工作，我都丢不起这个脸！"晓晓和家里的关系闹得很僵，她迫切需要找到一份工作，免得父母成天唉声叹气。

当她重整旗鼓决定重新找工作的时候，她已经错过了校园招聘的黄金季。和她同一寝室的 H，去了一家银行上班；大学时和她玩得最好的 F，找到了广州一家知名企业；甚至隔壁班学财政学的 W，也签了中石油。她投了好多简历，都石沉大海，没有回音，她这才发现前面的路并没有那么宽。

后来，一家冰箱厂有了回应，同意她去工作，不过前提是需要在车间实习至少三个月，什么时候转正看实习期表现。她答应了，有活儿干总比闲在家里被父母唠叨强。

生产旺季来临的时候，晓晓连续几个月都没有休息过一天，收入也并不高。那时候就这么撑过来了。一年之后，她从冰箱厂跳槽到了一家包装厂，工资也只有 1200 元一个月。

晓晓从家里搬了出来，在工厂附近租了间房子住。什么都要钱，房租、水电、吃饭、穿衣、化妆等，每个月的钱紧紧巴巴。那时候有个外地的同学出差路过合肥，想和她聚聚，她摸摸兜里的钱，还是找个理由拒绝了。晓晓头一次意识到自己生活过得很拮据，她想做些兼职，给自己的生活多一些补贴。她想到了摆地摊儿。

一个周末，晓晓揣着200元钱去城隍庙批发了一批发卡，跟一个关系不错的同事一起，就在一个小区的门口摆起了地摊儿。好不容易来了个小伙子，看起来应该是想给他女朋友买发卡的，对着两个五元钱的发卡挑来拣去，看样子是有选择困难症。多亏跟她一起的那个同事有耐心，足足磨了半个多小时的嘴皮子，总算成交了。这年头儿想挣点儿钱真难。

刚成交一笔，又有个大妈过来了，还没说两句，晓晓突然看到很多摆摊儿的人慌忙收摊儿，一问才知道——城管来了。

后来有个土豪买下了晓晓所有的发卡，这位土豪不是别人，是公司的销售部主管。这件事很快在公司里传开了，部门老大更是脸色铁青地对她说："你真的差这几百元钱吗？有这工夫不如好好提高自己的工作能力，怎么也比摆地摊儿强。怎么样，现在知道摆地摊儿的艰辛了吧？"

每个人活着都不容易。家门口那家卖包子的，八年了，每天早上六点多就开门，一直到晚上九点多才关门；菜市场后面那个卖凉皮儿、米线的老头儿，整整六年了，每年五月到十月都能看到他的身影，他配的汤味道非常好，每次买的人都排了很长的队；还有巷子里那家重庆小面馆，十来年了，每天晚上十点多才打烊。

专注、特色以及坚持，几乎是平凡人成功的不二法门。

下过车间，摆过地摊儿，工作当中的那些苦、那些累对晓晓而言突然就变得没那么沉重了。每件事情她都尽十二分的力去做好，她知道自己天资不足，在尝过了生存的艰辛后，发现有一技之长是一件无比荣幸的事。

后来，她正好有个机会去一家电子厂做财务经理，她的经济状况才渐渐有所好转。

晓晓时常会想起以前。其实很难说哪条路就是对的或者错的，偶尔她也会冒出一个想法，那就是：如果当时她顺从了父亲的意愿去了事业单位，那么今天的她又会怎样？

我有个朋友在海关，每天为繁杂的事务以及盘根错节的人际关系伤透了脑筋；我那个在银行的同学，后来我去拜访过她，因为银行效益下滑，她从财务岗位转到了业务岗位，表面上她过着外人羡慕的稳定生活，但她说自己很清楚，如果离开了这个单位，自己几乎没有立身之本。

或许，每个人的路都不一样，有的顺畅一些，有的充满坎坷。在看不见希望的漫漫长夜里，你的父母包括你自己都会给自己很大的压力，你会怀疑自己的选择，甚至质疑自己的努力，但如果这是你自己的选择，请一定要再坚持一下。

如果时光可以倒流，放在我面前的依然是当初的那些选择，我还是会选择今天的路。

或许这世间本就没有最好的选择，无非是你按照自己的心愿选择了之后，为了证明当初的选择是正确的，你就会拼尽全力，走出一条属于自己的人生之路。

勤奋才不是一种无趣

有没有想过，你是从什么时候开始，从看不上勤奋的人，到对勤奋的人肃然起敬的?

其实，你从来不鄙视勤奋的人，你只是自己无法勤奋，或是不好意思面对别人投来的目光。

小的时候，我们羡慕的是长得美，玩得开，活得又酷又飒，喝酒、逃学、谈恋爱，从不复习功课，照样成绩很好——这种闪闪发光的同学，认为这才是公认的人生赢家。

至少，在我十六七岁的时候，大家都流行鄙视用功的人。觉得用功的人，木讷，没有情趣，不懂得生活。

勤奋，等于无趣吗?当然不是。

记得当时年纪小，环顾一圈儿身边勤奋读书的同学，大多既长得不漂亮，也活得不漂亮。这是因为样本容量太小，并不能说明问题。

说到底，还是因为思想狭隘，才会对勤奋产生偏见。

如果我年少时，身边有很多那种又富、又美、又拼、又低调、眼高手更高的时髦小伙伴儿，显然，我对于学霸、富二代、校花的认知，就不会如此浅薄。

在俗世智慧的经验逻辑里，整个世界就必须“平衡”——好像你长得丑就一定很努力，你好看就不可能读得好书，你能力强那你肯定脾气就不好，你是工作狂就得是生性冷淡……呃，是谁告诉你的？

直到长大以后，遇见越来越多努力打拼，生活得朝气蓬勃的人们，才知道曾经你想当然地以为的不可能，归根结底只是因为你见过的世界太少。

曾经有个很火的网络爆帖，《不是别人太装，是你太 Low》，大意是讲，你老觉得人家在吹牛、显摆、装阔、炫耀，无论是炫耀财富、资源、名气还是学识，其实，很有可能，这只是别人生活日常的真实图景，是你没见识过，才觉得不可能。

文章虽然很粗俗，但话糙理不糙。

某个著名的科技自媒体，在订阅号下公示企业商业软文洽谈50万起。

隔空喊价这种“拉仇恨”的行为，瞬间激怒了其他行业的KOL（大咖）们，有美容、时装博主在朋友圈截图开口大骂人家“傻帽儿”：“怎么不开100万啊，这么显摆有必要吗？有人买才见鬼。”

朋友告诉我，对于大牌媒体人来说，这个价格在科技、汽车、财经领域，是很常见的。一分钱一分货，一毛钱二分货，一元钱三分货。商业市场不傻，供需关系、稀缺性资源，很大程度上影响市场定价。别说给你50万，就是给你500万，让你把搓衣板儿跪穿了，你也写不出来啊。

后来，遇到过开价50万买公众号软文的客户，我便理解了，哦，不是人家爱吹牛，是咱们没见识。

我妈老跟我说，以前年轻的时候，经济条件不好，看到国外杂志上印的漂亮衣服、鞋子，一件衣服要三五万，那么贵！谁买啊！大家都觉得肯定没人买，有病啊！于是她跟小姐妹们达成共识：

“我们不是没有钱，有 5 万块也不会拿去买衣服呀。”

后来，回头看看，那时候就是穷。

说什么“不是没钱，我有钱也不花在 ABCD 上”，本质就是没钱。等你有钱到 5 万对你来说就像 50，这个问题根本不存在。

说到底，还是没见识过那一层的世界。

常年有各种小朋友吐苦水，抱怨他/她的同事、同学，是多么针对自己，控诉各种对方令人忍无可忍的显摆、吹牛的故事。比如，在朋友圈晒包，晒钻戒，晒富爸爸美妈妈，晒高学历老公，晒婆婆超级大红包，等等。

人家爱晒自己亦真亦假的日常，你却在心中呐喊一百万次：不可能！凭什么！她买的肯定是高仿！

且不论，你是不是真的有那么重要，重要到对方要大费周章地为你设计出一整套煞费苦心的朋友圈。

一边吐槽，一边还看，你觉得这样很好玩儿吗？有意思吗？为你的生活带来任何好的改变了吗？

究竟什么才是对你重要的事？别人的人生到底是富贵还是贫寒，对你来说真的很重要吗？比你自己的锦绣前程还重要吗？

你就那么没有自己的人生可忙，没有自己的事业可拼，没有自己的梦要追，没有自己的家庭需要用心经营了吗？

多年前，有个时装编辑，无论她怎么努力拍片，可是结果进步都不大，特别委屈、痛苦，跟我大哭说："为什么我不行，我已经够努力了，我每次拍片都上午 10 点开拍，拍到半夜 3 点，就这七八张片子也拍不好，难道是我特别笨吗？"

于是，我带她去看了看她的前辈们是如何工作的，而后，她立刻闭嘴了。

本来，她觉得自己付出的已经够多了，当她看到比她优秀，比她资历深，比她更有天赋的人，比她更努力、更踏实，花更多的时间，用更多的心——她才知道，哦，原来想要得到这样的成果，本来就是要付出这样的心血。

从前只是自己没见识，给自己设置了错误的期望值，以为谁都可以随随便便成功。

我老说："笨鸟得先飞，要早起，要看书，要随时做笔记，要学习，咱们不像其他人那么天资过人，就更要努力。"

我们真的很笨吗？当然不。我们非常聪明，不仅有小聪明，更有大悟性。只是，最可怕的就是——

比你瘦的还在减肥，比你美的还在捯饬，比你聪明的还在学习，比你优秀的还在努力。

身在这样的团队里，有那么优秀的榜样在身边，你敢懈怠吗？你肯，你的自尊心也不肯。

第二章

无畏的青春，生猛地做自己

只有先爱自己，才能更好地做自己

写文章需要找配图，我在电脑相册里翻看从前的照片，一下子回忆起了从前。

照片很多，有喝茶时拍下的小场景，有儿子吃着蛋糕时开心的模样，有我在旅途中的剪影，也有我爱的那些花花草草……看着以前的自己过得这么开心，我觉得很欣慰——原来我一直那么努力地追求幸福，那么认真地热爱自己，善待自己。

当你回顾来时的路，看到的不仅是那些努力和艰难，还能看到自己对幸福锲而不舍的追求与热爱，感觉实在好极了。

厌恶自己的感觉，许多人都有过吧？青春期最盛，至少我是如此。大学之前，学习压力很大，加上高考不顺，那些年总有一团淡淡的阴影笼罩在头顶。

那时的自我厌恶特别明显，时常在心底拷问自己：你怎么这么笨？你怎么考不出好成绩？你怎么总是让父母失望？……父母、师长的期望是诱因，但是对自己的认知不足，不够爱惜自己，才是主因。

十多岁是最狂妄但也最容易否定自己的年纪，很多认知和判断都是靠外界来做出的。我们甚至不懂得应该爱自己多一点儿，不懂得告诉自己只要不放弃就可以变得更好，不懂得告诉自己现在没有达到那些目标也没关系……我们简单地以为必须要成为“别人眼中最好的自己”才是成功，却忽略了内心那个脆弱敏感的自己有时候也需要安慰和疗愈。

有个年轻的姑娘暗恋一个男孩儿，但没有得到对方的回应，失望之余开始放任自己，变得贪玩而轻浮。直到有一天，她发来很多条消息问我：“我越来越痛苦，越来越讨厌自己，我该怎么办？”

我想，最好的办法大概就是学会爱自己吧。他不爱你没关系，你还爱自己啊。如果你都不爱自己了，谁还会爱你呢？

每个人都会经历一些艰难，考学失败、工作受挫、感情波折、遭人背叛，这样的事情发生时，整个世界好像都要崩塌了。

“我失败了”，所以，幸福与我无关了，快乐从此也不会再出现了，一切都没有存在的必要了，我以后就是最失败的人了——抱着这样的念头活着的人，不在少数，他们成了落魄的酒鬼、失意的路人，或者面色暗沉的妇人。

他们让自己过得特别不如意，反正事出有因，都是因为那次的失败——也或者那几次的失败，把他们打击得体无完肤，让他们失意消沉。这看起来是合情合理的，毕竟受过苦，受过累，所以才是现在的样子。

我也有过很痛苦的时光。看上去一帆风顺，只是看上去而已。那时候，我也有理由放任自己这种不幸福的状态，谁都不能指责我，毕竟，我经历过的痛苦只有自己知道，不是吗？

但谢天谢地，那样的时刻倏忽而过。我无法向痛苦俯首称臣，更不要提放弃自己，任由那些痛苦和悲伤把我变成一个蓬头垢面卖弄痛苦的人。所以，我决定要做点儿什么，我要通过做这些事情，让自己重新充满勇气，获得幸福的勇气。

我写字、烘焙、旅行，做许许多多我喜欢的事情，并且在那些事情带来的快乐中不断地告诉自己："只有你足够爱自己了，世界才会爱你。"我重新充满了自信，不再是年少轻狂的那一种，而是源于内心真实的力量。

我相信即便是被一些人否定，遭遇一些事情，我也仍然有幸福的能力。我重新审视自己，我哪里一无是处了？我明明能写出抚慰人心的文字，至少，有许许多多个日夜，我是用文字在给自己疗愈的。

我有能力变成自己喜欢的样子，不必世故，不必刻意讨好谁，不必虚情假意。对那些我厌恶的事情，我都可以敬而远之。也许我们这一生，会做很多错事，会做很多错误的选择，也或者爱错了人，走错了路。但是永远不会错的是，学会爱自己。

爱护自己的身体，爱惜自己的羽毛，守护自己的内心。只有你足够爱自己了，才不会轻易被痛苦击垮，不会随便否定自己，会相信自己有能力获得幸福，你会想尽办法让自己开心起来，而你也会在看到曙光之后相信自己会变得更好。

什么是更好的自己？

就是永远不放弃自己，永远相信自己有变得更好的能力，永远都爱着自己，深情地拥抱这世界，越过痛苦，捕捉幸福。

不要被时光磨砺得没有了锋芒

[1]

电影《熔炉》中提到过一句话：“我们一路奋战，不是为了改变世界，而是为了不让世界改变我们。”

在我 12 岁时的一堂语文课上，我第一次去思考今后要成为怎样的人。那时，老师让我们完成一篇以“未来”为题的作文，我在里面写道：我的愿望是做一个好人。我的作文有幸被老师念了出来，老师还表扬了我，我在心中暗自欢喜。那时候，我以为想要实现我的愿望很容易，只要能够坦诚对待别人，我就可以成为别人信赖的知心朋友。

[2]

大二的时候，我曾在一家培训中心做兼职。这家培训中心按照不同年龄分了十几个班，每个班有20个孩子，我负责管理其中一个班级。那个月底，学生已经将下个月的培训费用交了过来。由于负责财务管理的李老师要求各班班主任收齐后，将费用存入他的账号，并将凭条给他，于是我赶紧将这些钱存进了银行，拿着凭条赶去了培训中心。

那天我的运气很好，刚回到培训中心就偶遇了李老师，我赶紧笑容满面地迎了上去，对他说："遇见你真幸运，我已经把钱给你打到账户上了，凭条现在就交给你吧。"

没想到李老师却说："这可不行，回头班级、人数什么的都弄乱了，你先标注清楚再给我。"

"我已经标注好了。"我心中还在为我自己的小机智窃喜着。

"那也不行，我不是通知你们下午放了学统一到我办公室里说这事吗？这事可不是那么好操作的，你把凭条交给我之后你的工作是暂时结束了，但是我还得跟我这里的底本一一核对，万一有什么问题当场就要告诉你，你也需要当场解决，麻烦着呢。你回头还是到我办公室去弄吧。”他一边跟我说着话，一边匆匆往前走，紧随着他的脚步的我，随着他话音的结束，停下了跟随他的脚步，独自站在路口茫然而不知所措。

中午的时候，我到资料室去找资料，打印室的负责人也帮我一起寻找，这时，李老师进了隔壁的打印室。我跟他打了声招呼，他没回应我，可能是太着急了，没听见吧。李老师在打印室里反复摆弄了许久，出来时却两手空空。原来，打印机好像出了什么问题，他出来找打印室的负责人寻求帮助。

负责人和李老师交谈了几句后看向了我，说：“让小博帮你看看是怎么回事吧，小伙子对这些机器都很在行。”

李老师看了看我，然后让我去看看。我们在交谈时，李老师总是紧绷的脸突然放松了下来，如果不是亲眼看到了这个过程，我对他的印象想必会一直停留在那种严肃、说一不二的古板印象上面，因为我曾经为学生的各种杂事跟他接触了很多次，发现每当别人做事时有一点点没有完全符合他的要求，他就会十分生气，变得很暴躁。

随后，我看了看打印机，发现其实没什么问题，只不过是卡纸了。我打开了后盖儿，拿下了制版的轴承，把废纸取了出来，将各个部件复原，然后对李老师说："打印机已经修好了，你如果实在忙不开，就把要印的资料放在这儿，我来帮你印，回头再送回你的办公室，反正我一会儿也没课，时间比较充裕。"

李老师说："你们班的钱不是已经打到我账户上了吗，你现在把凭条给我吧。"

"没事儿，我回头去你办公室给你吧，反正核对信息的时候我也得过去。"

"不用，其实核对信息只不过是走个过场，谁有耐心挨个儿看那几百个学生的信息啊，只要钱数对得上，其他的我说没问题就没问题了，你直接给我凭条就行了。"

听了李老师的这番话，我突然觉得我在人际关系的处理上还很青涩，我从来没想过李老师开始的时候不愿意拿凭条是在搪塞我。我仔细思考过后，也能够理解他了，他当然也不会因此而心生愧疚或尴尬。在社会上历练多年的他，对这类事件的处理早已轻车熟路、司空见惯了。

[3]

每当我遇到那些难以处理、与我的意愿相违背的事情时，那句话总会出现在我的脑海之中："我们一路奋战，不是为了改变世界，而是为了不让世界改变我们。"

12 岁时，我希望今后能成为一个好人，天真烂漫的我以为想要实现我的愿望很容易。今天，我的愿望仍然没有改变，可我却发现想做一个好人其实并不简单。人性完全不可捉摸，无论平常设想的怎样，只有当事情真正来临时所做出的行为才是无可更改的结果。

有一次，我有幸和一位知名作家交流，说起我今后的道路时，他给我的建议是：从事教师之类环境相对纯粹一些的工作。不知道在哪里见过一段令我深有感触的话，大意是：年少时的我们一直对善良和正直充满了渴望，充满了幻想，长大后才慢慢察觉到，我们的世界到处充满了危机。那些反反复复向世人传播道德和文明的道貌岸然的人，其实背后往往隐藏着摧残道德与文明的丑恶嘴脸。他们的外表有多光鲜，内心就有多阴暗。很多刚刚接触到社会的青年，天真烂漫，却被现实社会逐渐修改成了卑躬屈膝的模样，最终融入了那污浊不堪的世界，踏上了相同的道路。

当坚守的信仰突然破碎，当你心中的想法翻不起任何波澜，是坚持自我还是迎合世界？倘若作壁上观，人们当然轻易就会以那种事不关己的心态站在道德制高点去批判其他人，可当那些事真的降临到自己头上时，却不知道自己能否按照所设想的去做。成长是不是必须以丢掉初心为代价，被时光磨砺得没有了锋芒？倘若有一天，世间所有人都指鹿为马、颠倒黑白，我们能否勇于纠正那被扭曲的世界？

[4]

我深深地记得我大学时的那堂课，这堂课的老师是小曼。那天天气不好，却没有一个同学旷课。

对于这位每次上课必定点名，总是为难学生的“老太婆”，我们都曾感到厌恶。那个冬季，我们终于逃脱了她的“魔爪”。那堂课是她教我们的最后一堂课，也是她教育生涯的最后一堂课，我们有幸成了她最后的学生。在那堂课上，她说了“告别语”，讲了

“感谢词”，这时我才发现，原来被同学们如此抵触的“老太婆”也有她自己的坚持与信仰：“不能在与校长交谈时打躬作揖，与看门的大爷交谈时颐指气使。”原来她挂在嘴边的“自始至终”就是我崇尚的“不忘初心”，而践行她反复强调的“职业道德”和“专业素养”，却是意想不到的艰难，而她竟然在几十年的教育生涯中贯穿始终。

回顾过去的时光，她近乎哽咽，想到充满无限可能的未来。她眼含泪水，她的一字一句都被寒冷的空气冻住，深深地砸在了我的心底。我的胸中被她外表寒冷内里炽热的话语激起了阵阵激情，我的心里挣扎着一种情绪，我的脑海中有一些原本已经被我忘怀的悔恨浮现。“平和”“热情”“公允”“正直”“将心比心”，那些赠言字字珠玑，值得我用余生仔细品味。她说，她希望自己不会让学生们在上课时觉得度日如年，她希望自己是一根火柴，能够燃起更多的光亮，倘若她教过的每个班级中能有一个坚守自我和原则的学生，她便已然欣慰。

那么，我会成为被时间磨砺、被世界改变的人吗？

在这个熙熙攘攘的世界里，有多少酸甜苦辣与悲欢离合，有多少艰难坎坷和迷离诱惑？在崎岖坎坷的道路上，如同蝼蚁那般为了觅食而整日奔忙，又像那蜜蜂为了花蜜，飞过万千花丛，跨越千山万水。攀过险峰、蹚过激流、越过峭壁、行过小路，此时烈日炎炎，彼时寒风刺骨。我们也许总是扪心自问，人生如此艰难，为什么还要如此执着地生活？

生活，必须亲身体会、真实感受，才能找到适合自己的轨道。在这条探索之路上，人们总是奋不顾身。但请记得善待自己，渴时饮水，饿时添饭，寒时增衣。只愿，当你到达你的目的地时，心中仍有那一片净土。

在生活的旅途中，总会有人虽然身处险境却始终牢记自己的坚守与原则，虽然身处寒流，但心中的暖流会始终支撑着他们跨过险滩。无论路途如何，还请记得要做自己，不要被时光磨砺得变了模样。

无须畏惧，你自精彩

大一时我们学工部聚餐，当时围坐在长桌边有三十几个人，大家属于不同的部门，虽有些熟悉，但大多数只称得上眼熟，连点头之交都算不上。那时我在部门里资历最浅，在陌生人面前还有些腼腆，不爱说话，有学长特意写信开导我，叫我自信一些，多与别人交流，我默默收下，但知道自己并不是缺乏自信才会这样沉默。

每次聚餐总需要那么一两个活跃气氛的人，当时肩挑重任的是位学长，他高大帅气，还是下一届学生会的主席，在学校里也算是个风云人物。我以为他那么出名的人，是不可能认识我的。可他竟然准确地叫出了我的名字，这让我受宠若惊！后来我默默观察，当时桌边的三十几个人，除了一个不常值班的网管他叫名字时停顿了一下，其他人他都能准确无误地说出名字，而且跟谁都好似十分熟络，不令人尴尬，我的敬佩之情顿起。

我很羡慕那些拥有“过目不忘”本领的人，但后来我思考，他们不过是在与人交往时更加留心。当时多用心一点儿，兴许在日后相见时，才能令对方感到贴心。

过去我常拿“脸盲症”给自己做借口，有时在校园里走，有人忽然从身后跑过来，亲亲热热地打招呼，我这边连忙应答，但眼中的迷茫一定出卖了自己，因为我连什么时候见过人家都不记得。我知道自己不过是在回避，怕同人深交后受伤，所以连开始都懒得去创造。

同老友见面时，聊起过往，她觉得我同许多年前的性格相比变化太大。那时的我颇为骄纵，大有恃宠而骄的架势，待人也浑身尖刺，喜欢的恨不得摘星捧月给人家，讨厌的就如秋风扫落叶毫不留情，性格十分极端。

而如今自己则像是一杯温开水，握在手心里会温暖但不强烈，晾在那里热度也只会慢慢消退，不会骤降。这是我揣摩许久的状态，不强调感情，只去培养，这是改变后的自我。

改变自我是一个很漫长的过程，拔掉身上的尖刺更是痛苦不堪，因为我觉得自己变得不再像自己，失去了属于自己独一无二的特点，开始泯然众人，我也是这时开始感到了孤独。身边的朋友仍有，但我会患得患失，因为自己的“复制品”实在太多，因我本身就是一个“老好人”的复制品啊。

他们说：成长就是变成自己过去最讨厌的样子。我特别恐惧这句话，所以强行刹住改变的脚步，我为什么要改变？既然改掉自己身上的缺点就可以了，我为什么要再把自己变成其他人？

经历了几年自以为是的成长，我变得言语谦虚谨慎，再无过去壮志凌云的气势，想来有些可悲。因为如今的我并没有因改变而变得强大，反倒少了底蕴，多了世故。岁月磨灭的本不该是理想与性格，外在的棱角应当收作内韧，待有朝一日破土新生，才是真正应该的成长啊。

过去害怕失去朋友变得孤独，如今却主动拥抱孤独，变得什么都喜欢随缘，不再强求。我称这为成长，说白了不过是变得更加现实。

天真和幼稚是孩童的专属，成长才是进入社会的必要法则。即使发脾气是因为紧张和在乎，可不懂的人只会看到你不够世故。我们都想成为永无岛中长不大的彼得潘，然而却大多成为面孔麻木的普通人。

过去常觉得世界这么大，懂自己的人却很少。偶尔能遇见那么一两个，就恨不得紧紧握在手中，与对方的交往充满了占有欲与患得患失，结果却总是以搞砸收场。

现在却觉得，两个人再亲近，彼此也是独立的个体。关系再好，你还是你，他还是他。想清楚这一点，对于治愈依赖感效果奇佳。当你愿意走出之前的牢笼，会发现世界原来这么大，其实可交者、可信者不需要太多。之前的封闭，好似在戈壁滩上好不容易找到一棵树，恨不得吊死在上头。走出封闭，则像是看到一片大森林。

并不是所有人都能像复制品一样，与你的全部兴趣爱好都相同。但正因为他们是不同的个体，在讨论某一个话题时，彼此更能碰撞出独特的火花。

敞开心扉，也是接纳自己。不必对所有人都敞开心扉，因为那是孤独的表现。你只需要发现人群中每个人的闪光点，一个人的火苗可以点亮一个人的黑暗，两个人的交会，会使光谍更加耀眼。

遇见对的人，会由靠近变成亲密。所以，不要畏惧孤独，也不要怕这世上懂你的人太少，学着从自己的世界出发，去看看外面的世界，像是孤独星球上的小王子，带着他的善良和勇敢，毅然出发。

变成自己过去讨厌的模样，那不叫成长。找到最适合自己的定位，厚积薄发，蜕变成更好的自我，那才叫成长。

不必畏惧其他，你总会遇到属于你的精彩。

伤痛，是最好的成长

人们惧怕生命中的伤痛，觉得它磨人心智，伤人体肤，最好一辈子都别遇到。

在没遇到伤痛之前，人们有时会试着想象当遭遇刻骨伤痛之后会何去何从，甚至煞有介事地猜想道：嗯，如若真的发生那样的事情，那么我也就不活了吧。可是，当伤痛真的来了以后，绝大多数人最终都会熬过去。

一个姑娘告诉我说她不久前和男友分开了。分手的时候，对方说："如果有一天你不再继续等我了，那说明你真的成长了，你的生活从此会过得很棒，会比我的还要精彩。"虽然很心疼她，希望她能尽快开心起来，但真的不希望看到类似女孩儿用痴心的等待去换来夫君回头。从我个人的私心的角度来说，觉得正是这样的打击，反而是姑娘成长的契机。

伤痛，是最好的成长。你要用心利用这刻骨的痛，别让眼泪白流，更别让心脏白痛。

不要感慨命运的不公，为什么让这样那样的难事发生在自己身上，如果当真相信命运，那么就换个角度去解读吧：每个人来到这世上所要做的功课都不同，上天也许会把最好的事情赐给你，但同样也可能把最难的事情交给你，而当你战胜了这最难的事情之后，生命就有了新的高度，世界变得更宽，你也变得更加通透。不妨把命运看作大学里的一门课程吧，每一次考验都是一个学分，当修够了这门课程，拿到了学分，人生就进入新的阶段。而有的时候可能你的惰性太强，太任性，隐隐意识到自身的种种问题及缺陷，但就是不作为，不去主动选修某门课程，那么上天就要用最残忍的方式提醒你，它把你最爱的人夺走，然后告诉你，亲爱的孩子，it´s time to grow。

我们身边太多相似相通的故事，都在告诉我们，无论所处的环境如何，无论我们与谁相伴，但是维持人格的独立，都是最重要、最基本的原则，在这一点上，没有特例。每个人都该为自己而活，没有谁是为了成就谁而来到这世上的，父母不该为子女而活，子女不该为父母而活，男人女人不该为另一半而活，爱己方能爱人。借用我一直很喜欢的一句简单的英文：I love you，not because of who you are，but because of who I am when I′m with you.（我爱你，不是因为你是谁，而是因为我和你在一起时变成了谁。）

真正的爱人，该是那个让你主动变得更好的人，不会打磨你的自信心，不会肆意放纵你的怠惰，不会要求你放下尊严；真正的爱人，会让两人的世界变得越来越大，会和你共同培养出新的性格，会彼此带动，相互鞭策；真正的爱人，是那个让你感受到 1+1>2 的人。而圆满的爱情、婚姻都是留给那些准备好了的人，当一个独立的人格遇到了另一个同样独立的人格，于是相互欣赏、相互吸引，进而相互扶持，并不会出现一方失去重心倾倒在另一方身上的时刻。

寻找到生命的重心和生命的“主心骨”，是每个人都应该做到的事情，或早或晚，否则迟早会出现状况。而这重心不该是外界的东西，不该是另一半，不该是自己的工作，不该是某一个人或是某一件物。一个让你爱得死去活来的人，一份让你全心投入的工作，一项让你欲罢不能的爱好，这些都不过是转移你注意力的瘾头儿，谈不上生命的重心。

在我看来，生命的重心，是来源于自身的那份平和快乐，以及对于自己如何能了解与掌握这份平和快乐的方式方法。剖析自己，了解自己，治疗自己，培养自己，是获得生命重心的途径。发展新的爱好，结交新的朋友，做自己擅长并且喜爱的事情，或是多读几本书，总之多花时间在自己身上，慢慢地，重心就会被找到。永远不要停止和自己对话，用一生去了解自己、认识自己，用一生去看这个世界。

当负面的情绪和消极的感知涌上心头的时候，不要急着化解和克服。不要为了看似难以忍受的伤痛而去选择分散自己的注意力，到头来那份伤痛会仍然在那里。试着与伤痛共存，就和它待在一起，而后在不知道的某一秒，你会突然发现，那压抑之感正在慢慢变小，自己内心的能量正在慢慢变大，当能量大到能盖过这份压抑的时候，就是我们成长的时刻。

宽恕，是另一项重要的职责。宽恕给你带来伤痛的人，宽恕造成你伤痛的环境，也要宽恕自己的失败。沉重的怨念和任性是我们自己设置的障碍，阻碍我们获得平静和顺利成长。只有放下该放下的，我们才能走得更快，登得更高。莫要舍不得这些包袱，认为扔下了它就是对自己的过去没了交代，不需要用思想去欺骗内心，寻找真正的快乐平和才是对自己最好的交代。

没有人能代替我们成长，成长是每个人生命的必修课。做一个勇于成长的人，做一个不惧怕伤痛的人，因为有时伤痛是最好的礼物，它会让我们变得更强大。

我的改变只为取悦我自己

从小到大，我都是一个又丑又胖的男生，体重超出同龄人许多，肚子上的“游泳圈”像一块胎记从未离开过我。上大学之前，我花了一整个夏天减肥成功，摆脱了可怕的赘肉，再也不是那个毕业照上脸最圆的胖子。

亲朋好友和我博客的读者在惊讶我怎么会有如此大变化的同时，通常也会问我是怎么做到的，或是向我咨询怎么减肥、怎么坚持下去等问题，大多数问题都是一些废话，各大网站能检索到无数种方式方法，可在某一天，我在博客下看到了一条让人看完十分难受的评论。

那是一个女孩儿的留言。

她说因为肥胖和懦弱的性格，被班上的男生取了很难听的外号，全班男生都跟着一起起哄，甚至大庭广众之下嘲讽她，后来她得知那个给自己取外号的男生竟然是自己一直暗恋的人。私信中我能看出她内心的苦涩，最后她问了我一个问题：到底该不该为了让大家喜欢自己，为了那个自己喜欢的人瘦下来？

在我犹豫应该如何回答她时，忽然想起了关于我和 P 的故事。

当我决定瘦下来的时候，我还不知道接下来的日子我将面临怎样的痛苦。我在我家附近的健身房办了年卡，每天一大早就背着包去跑步。因为急于求成，我选择了不健康的减肥方式——节食减肥，每天只吃一丁点儿的素食，饿了就喝水，累了就睡觉。刚开始跑步的那几天，每天全身酸痛到不行，加上不吃饭，饥饿和疼痛让我几乎接近放弃的边缘。但为了瘦下来，我忍着坚持了下来，一个月过去，体重明显下降，我看着体重秤上的数字变化，心情比吃了一顿大餐还要高兴。

我是在男厕所遇见的 P，我第一次看见她的时候，她趴在马桶前面抠着嗓子眼儿呕吐，脖子上的青筋暴起，整张脸涨得通红。在男厕所见到一个女生，让我又惊吓又尴尬。我问她怎么不去女厕所，她说女厕所的门被反锁了，只能选择男厕所。我问她还好吗，她点点头让我帮她在外面看着，等她吐完再离开。看着她难受的样子，作为一个什么忙也帮不上的陌生人，我只好在一旁陪着她，等她吐完倒一杯温水给她。她接过水，然后从口袋里掏出一个药瓶，倒出来两粒黄色的药片，吞了下去。她对我说了声感谢，我们简单寒暄了几句。

巧的是，她竟然和我同一所高中，比我大一届。因为是校友加之又在同一家健身房，我们渐渐熟络起来。她知道我是一个正在努力变成瘦子的胖子，我知道她是一个减肥成功但仍在减肥的瘦子。这似乎是我们彼此间一个最大的共同点，作为一个前辈，P 经常向我讲起她之前瘦身的故事，每每讲起自己的故事，P 的脸上总洋溢着骄傲。她说瘦下来是她人生中唯一值得自豪的经历，也是她一生中最失败的一件事情。

有次健身完休息，P 问我为什么想要减肥，我不假思索地回答她当然是为了瘦下来变好看，不再被其他人看不起。

“现在又不是唐朝，现在是看脸的时代，胖子都快成社会的弱势群体了。”我拧开一瓶水，说完咕咚咕咚地灌下去。

“瘦下来就会变好看吗？瘦下来不喜欢你的人就会喜欢你吗？”P 淡淡地问我。

“不瘦下来怎么知道会不会变好看，无论怎么样，起码不会再被别人用怪异的眼神看着。”

我喋喋不休地说，P 叹了一口气。我不知道是哪句话说错了，会让 P 做出这样的反应。但誓死瘦身的目标就摆在面前，我管不了那未知的可能性，眼下只有瘦下来才能化解一切担忧。

那段时间我越发像一个偏执狂，每天拖着虚弱的身子在跑步机上挥汗如雨，看着镜子前的自己渐渐褪去之前肥胖的轮廓，我开始在社交平台上直播自己的减肥历程，每一张自拍照得来的赞许让我的勇气值一点点上升，我头一次感觉到自己的人生充满了希望，光明就在眼前。

当我沉浸在这些变化所带来的快乐中时，P 却似乎过得并不好。她的脸色越来越差，整个人骨瘦如柴，有时候在跑步机上跑着跑着，就突然捂着嘴跑去了洗手间，像个弱不禁风的老年人，却每天依旧在发疯似的减肥。我无数次问过 P 明明已经很瘦了，为什么还要继续减下去，P 从没正面回答过我。

直到有一天，P 在跑步机上突然昏倒，在医院的急诊室外面，我才得知原来 P 患上厌食症已经有一年了，生病的原因就是因为过度节食减肥。那时候的 P 已经是一个瘦身成功的女孩儿了，腰肢纤细，和之前的那个她比简直是脱胎换骨、涅槃重生。虽然减去了肥肉和脂肪，但身体却垮了下来。厌食症的治疗漫长而又艰难，有时候 P 需要强迫自己吃东西，刚刚下肚还没多久的食物又会恶心地吐出来，严重的时候，每天会呕吐好几次。所以我经常看到 P 捂着嘴去厕所就是厌食症所致，每次吐完吃的那个黄色药片则是用来克制呕吐感的。

医生已经劝过 P 无数次，叫她不要再继续减下去，但 P 总是不听，没有人知道她执拗的真正原因是什么，所有人知道的是，P 可以不吃饭，但不能不减肥。

在医院住了一个星期，我也到了开学的日子。临走那天我去医院看了 P，还亲自下厨做了几道菜带给她，她在我面前强忍着吃了几口，然后嘱咐我一定不要学她，要按时吃饭。我笑她还是先管好自己的身体吧，她点点头又强迫自己塞了一口饭。

在这之后，我告别了那个昔日笨拙臃肿的角色设定，开始走进全新的生活。

我狂热于在社交平台发布自己的自拍，享受着人们给我的赞许。原来羞于当众表达的我，不再畏惧人群的目光，还参加了辩论队、演讲社，沉浸在在人群面前展示自己的那种成就感之中。我的标签再也不是“胖子”“肥猪”，而是换成了“男神”“帅哥”，甚至就在我还未来得及适应这一突如其来的变化时，我新的人生设定已经改变了我的生活。

我获得了受人追捧的欢愉，然而在这种外在的快乐包裹我生活的同时，我发现自己的内心仿佛不再那么自由了，我开始变得小心翼翼，开始变得更加在乎别人对我的看法，开始变得异常敏感。

我害怕负面的评论，害怕朋友拍到我怪异的照片，害怕别人看到我之前又丑又胖的样子。

我不敢再像从前一样自在地享受食物带给我的快乐，新冒出的一颗青春痘可以让我紧张好几天，关于胖瘦的事情更是成了敏感话题。瘦下来所带来的那巨大的快乐和幸福感渐渐消失殆尽，疲倦在我时刻保持警惕的神经之中迅速漫延。

我的朋友因为我的神经质而渐渐疏远我，有的时候，我甚至想要回到从前，回到那个不受瞩目的胖子，身体虽重但可以活得轻松快乐。

在我意志最消沉的那段时间，我每天睡觉前就和 P 聊一会儿天儿，听她讲被自己一直埋在心底的故事。

当初促使 P 减肥的原因，是因为她喜欢上了班里的一个男生。喜欢的原因很简单，P 被班里一群男生起了难听的外号，有些男生甚至过分地在她的作业本和校服上画上猪的头像和她的外号，而有一次 P 被一群男生欺负嘲讽的时候，那个男生出手相救，于是 P 便喜欢上了对方。P 尝试过向对方表白，但遭到拒绝，其他女生嘲笑她不自量力，P 便发誓一定要减肥瘦下来，于是当初的她和我一样，选择了极端的节食减肥。高三毕业那年她减肥成功，准备鼓起勇气向那位心仪已久的男生表白时，另一个女生也向那位男生表白，最后男生答应了另一位女生。那段时间，P 伤心欲绝，她把男生拒绝自己的理由归结为还不够瘦，于是她又开始了减肥，厌食症也就是在这时被检查出来的。

我有些心疼 P，尤其是在她说："心已经从难过中走出来，但身体却永远停在了那里。"这句话时。因为 P 对减肥成瘾，想要停下来已经变成了一件很困难的事情。厌食症的折磨，让她的身体越来越糟糕。听完这个故事之后，我觉得自己向 P 寻求安慰是多么的自私，相较而言，她更加需要慰藉。

寒假回家，我与 P 的那次见面成了最后一面，因为她要出国了，父母为了让她得到更好的治疗并继续完成学业，决定带 P 去美国。

听 P 讲她之所以在那一年没有上学，不是因为她没有考上大学，除了因为病情严重得无法上学之外，她更多的是为了证明“自己瘦下来可以改变那个男生对自己的看法”，她一直在期待着对方的答案由否定变成肯定。可到最后，她才发现，其实结局早在一开始就已注定。

现在看来，那时的P还真是一个天真幼稚的小女孩儿。不过其实这也不意外，谁年轻的时候不偏执呢？

P临走的时候，发了一条说说：

“无论你因为什么而决定减肥，当你费尽千辛万苦努力瘦下来，你要记住，从现在开始，你要学会为自己而活。”

这句话更像是一个总结，把我和P相似的年华通通归纳了进去，不过P的故事更显浓烈。或许P的故事只会以这种方式被我记录下来，但值得我向全世界宣告的是，我们都学会了去做一个不为了取悦别人而活着的人。

因为在人生的考卷里，取悦了别人顶多算是附加题拿了满分，多亏了附加题答对而拿到满分的试卷，分数虽高但永远是遗憾的。

你爱的人或许不会爱你，但你可以努力更爱自己。

讨厌你的人或许不会喜欢你，但你可以努力喜欢你自己。

我们那么努力地去改变自己，不是为了力挽狂澜，让那些不爱自己的人、讨厌自己的人重新喜欢上自己，而是为了让我们的灵魂更加独立，让生命更有意义。

当我从决定瘦下来的那一刻起，我不为取悦别人，只为我自己。

你要成为真实的自己

你们必须努力，以后才能有出息！

这句话，想必大家早已耳熟能详。

父辈从小就灌输给我们很多这样的观念，纠正我们很多行为，等到念书之后，这个任务会被交给学校、老师，还有这自以为是的社会。

教育在孩子成长的过程中具有重要的地位，但是，当下我们的很多教育，社会所倡导的很多思想，并不合格。

所以，我一直对这一句未经思考的“你们要有出息”心存疑虑。

我对读者提问：“作为独生子女，你最大的烦恼和疑惑是什么?”我收到的许多回复中都有谈到：自己身上承担着巨大的压力，这些压力，来自父母的要求、社会的期望。

这些要求、期望，有些软，有些硬，或松或紧地缠绕在他们身上，这种压力、承担，从某种角度上抑制了孩子的独立选择与自由发展。

而我一直想要追问这些父母的是：究竟什么才是有出息？

一对父母对孩子要求很严格，除了诵读经典，还要学习琴棋书画，当然，对学业更是一点儿也不放松，考试成绩成了他们脸上的晴雨表，孩子不堪重负最后跳楼自尽，这对父母趴在孩子身上号啕大哭：早知道你会这样子，我们什么都不逼你，只要你能活着，我们一定不这样去要求你……

反思此等悲剧，倍感悲哀之余，我们发现，这对父母要求的出息变成了：好好活着。他们根本不清楚什么才是有出息。

事实上，还有个更尖锐的问题，那些一直要求孩子有出息的父母：你们活到现在，取得了什么骄傲的成绩，又有什么出息？

世人眼里的“有出息”最直接的莫过于功利，获得财富、名望、知识、权力。

自古以来，我们就喜欢将“升官发财”当作人生的目标。财源滚滚、光宗耀祖、名利双收、声名赫赫……我们有无数与之相关的词语。似乎只有工作体面、收入丰厚，才能给父母长脸，达成“有出息”的目标。

事实上，这种单一的价值观与评判标准导致了很多孩子的焦虑与痛苦，而且，你还不能反问，否则就成了不懂事、不孝顺。

反观很多取得了一定“成就”、获得声名、赚取了财富的父母，他们反而较少要求子女一定要去“建功立业，升官发财”，去为他们长脸，他们常常鼓励孩子去做自己想做的事。

这些除了说明他们有所见识以外，更说明了：功名利禄虽然不错，但远不能成为人生主旨，如若这是人生真谛，毕生追求的话，那些有钱有权的人，怎么会愿意让孩子去过自己的生活呢？理应也让他们为钱、为权奉献一生才对。

所以，对于那些无法去为“有出息”提供更有说服力的答案，却又不断要求孩子要“有出息”的父母，在我看来，这是因为他们自己没有真正体验生命里最重要的东西，搞不清楚什么才是“有出息”。他们这种“出息观”一是道听途说，人云亦云；二是死要面子却让孩子遭罪；三是秉持自己“未完成”的情结，意图去让孩子“父债子还”，还找个说辞：我们这是为了你好。

把孩子的自我都搞没了，哪里好了?!

如果我们将“有出息”当作人生目标来看的话，我们应该清楚的是：

有人期望赢取功名，赚取财富，当然，这并没有错；有人倡导不断自省，不断觉悟，去过一种苦行僧式的生活，这也很好；有人期望不断超越，通过强有力的行动跨越各种障碍，科学的、自然的，从而获得探险所带来的乐趣，这样当然没有问题；还有人会认为“人生得意须尽欢，莫使金樽空对月”，纵情享乐，高兴就好，也还可以。

然而，我们文化中糟糕的地方在于：只认定某一类生活理念是好的，有出息的，其他的全都是“旁门左道，歪理邪说”。

往小了说，这会遏制人的发展，往大了说，这会导致社会失去能量、活力，譬如我们现在社会也在倡导一种单一的价值观，不够宽容，缺乏远见，这样会给个人心理造成巨大的压力，因为所有“不同”都是错的，都是不应该的，那么，那些天生不同的人，就会被排挤，被指责，乃至直接被伤害，被屠戮。

所有这些“不自由”“不宽容”集中起来，就构成了一个不自由的社会，容不下异端，受不了反对，自以为是，刚愎自用，热衷铲除异己，喜欢“修剪”他人，听不得一点儿不同意见，这种环境，就会产生大量迷茫的、痛苦的人，因为他们一直被蒙蔽了双眼，随之迷失了方向。

而药方则是让他们能够学会独立思考，努力成为自己：能够明白苦行僧便是苦行僧，银行家就是银行家，探险者便是探险者，娱乐家就是娱乐家……每个人都有选择自己人生的自由，这才是真正的出息。

如果所有人都能够各司其职，自得其乐，相互尊重，互不干扰，社会就会变成一个宜居的舒适的社会。

对于那些现在广受“控制”之苦，老被指责没有出息的人，我想谈的就是：

首先，抛弃所有外在的、强迫的观念，不再去在意外界的评价，坚持做自己想做的事情，这种认识是从内心发出来的，当你变得可以面对你的内心，成为真实的自己，你会变得充满力量，不再患得患失，心生恐惧。

其次，了解没有什么是“应该要”的，没有什么事情是必需的，非如此不可的，你永远拥有选择的自由，去或不去，做或不做，想或不想，要或不要，所有这些，都要经过你的内心，由你去做决定，所以，你要为自己负责，这一点，任何人都不能强迫你，包括你的父母。

该拒绝就拒绝，该抗争便抗争，你要学会主宰自己的人生。

再次，去做你想要做的事，当你不再因为外界逼迫或者内心焦虑而觉得自己“应该要”“必须要”的时候，你所主动去选择的，你惦记着，想象着，日思夜想的事，势必就是你所擅长的事。去做这件事情，相信我，哪怕开始不那么顺利，但是，它一定能让你活得像模像样，自在舒服。

最后，当你尝试成为一个真实的人之后，你就不用再去忍受外在的逼迫、内在的指责，你会变得通达、圆融，看不惯的越来越少，所热爱的越来越多，你会开始感觉人活着真正有意义的一面，你会带着欣赏的眼光去看待周遭的一切，他人、自己，还有父母，你会开始谅解他们，而且找到一个舒服的方式与适合的路径，去和他们交流沟通，把他们也带入真实之中。

这些真实的人越多，这个不自由的社会便会随之发生改变。

在成长中告别，并成为更好的自己

前些日子，一个很好的哥们儿突然在微信上问我："你说为什么有些人就这样渐行渐远了呢？"身边的许多好朋友，还没有好好说话，就已经无话可说了；还没来得及珍惜，就已经悄然离开了。青春，就是一个等待孤独老去的过程。

面对这诸多的吐槽和感慨，我一下子竟无言以对，心头一愣，然后默默地发了一句："我们才三十出头，正值青春年华，你就已经在感慨岁月，回味青春啦？"

我想，这不只是我那位朋友的疑惑，为什么我们总是看着身边的朋友离去，自己却无能为力。好像我们都在告别中走完这一生，遇见一些人，我们开始相识深交，然后慢慢变得疏远，最后各自告别，各自离去，有些人甚至都来不及说一声再见，就已经不再见了。

没错，我们都在告别中成长着，我们也都在成长中告别着。其实不是我们无能为力，而是我们都不能阻止身边的朋友去追寻自己想要的东西。一个人的离开，只是因为有了不同的追求，或者更好的选择。

学生时代，有人选择继续深造，有人选择辍学打工。步入社会，有人选择创业奋斗，有人选择稳定工作。恋爱了，一起经历过风雨之后，你崇尚单身自由，他选择温馨家庭。我们都在走，我们都在一路前行，跌跌撞撞地在路上寻找着属于自己的方向，下一个路口和一些人告别之后，重新走在自己选择的人生轨迹上。

在人生的某一段路程中，我们都同在一个方向，走同一条轨迹，所以有缘成为同学、朋友、同事、知己、恋人。后来，在某一个分岔路口，我们有了不同的选择，走的方向不同了，自然也就渐行渐远了。缘分至此，告别之际，唯愿下一程我们都可以遇见另一群温暖的人。

身边的老朋友，一个一个离去，可以留下继续陪伴的人，变得越来越少了。谁都不应该怪谁，因为我们都在遵循着自己内心的选择，没有谁对谁错，我们都在追求着自己想要的东西，告别是为了成全更好的彼此。离开的人，唯有默默祝福。一直陪伴的人，愿我们依然温暖着彼此。

人这一生就好像一条单行道，一旦出发了，就回不了头。这一路，我们会遇见一些人，告别一些人，当我们走了很远之后，想回过头看看过去，才发现原来已经来不及了。

有些人不动声色地来到我们的世界，最后又悄无声息地离开，来不及道别，彼此就已经走远了，想转过身瞧瞧他的模样，却残酷地发现，连他的身影都找不到了。

曾经很喜欢一个女孩儿，喜欢到疯狂的地步，感觉有她的地方就算角落都充满着阳光，没有她的地方却显得黯然失色。

因为喜欢，所以开始拼命地听她听过的歌，看她看过的书，去她想去的地方，学她喜欢的歌，做她喜欢的事情，努力想要变成她喜欢的样子，这所有的一切都只不过是想要跟上她的节奏，成为一个她喜欢的人，然后有一天可以勇敢地对那个女孩儿说一声：我喜欢你。

然而，在某一天，突然间，我发现我们已经很久没有联系过了，看着通讯录里的号码，想要打过去问候一声，却不知道接下来还可以说些什么。原来，在不知不觉中我们就断了联系，那一句没有说出来的道别，竟成了我们的永别。

后来，岁月这把无情的杀猪刀还是没有放过我们，在时光急切地催促成长下，终于发觉自己也没有以前那么喜欢她了，却依然喜欢一个人听着那些熟悉的歌曲，然后自己一个人去了她曾经说过想去的地方。虽然她已经离开了，但那些曾经因为她而听过的歌、看过的书、做过的事，那些因为她而努力做出的改变已经成了生命里的习惯。

不知不觉地疏远，不动声色地离开，不说一声道别，不留一句临别话，某天转身发现，身边好像少了一个人，却多了一份牵挂，回过头，把牵挂放进心底，将祝福送去远方，然后继续微笑前行。

有些话，可以说的时候没有好好去表达，到了想说的时候，却发现已经来不及了。

有些人，可以爱的时候没有好好去珍惜，到了分开之后，才猛然发现原来内心一直都是放不下的。

我们总在成长的路上不断地经历着告别，昨天道别了谁，今天谁即将离开，明天谁又会不见了。成长就是这样残酷，遇见一些人，来不及道别，就已经在不知不觉中渐行渐远了。

所幸，我们还在成长，所幸，我们还有后来。

错过了一些人，告别了一些人，后来，我们还是会继续遇见一些陌生人，重新拥有自己的朋友圈，然后和一些聊得来的人成为好朋友，一起吃喝玩乐，一起约定旅游，一起卖萌，这一路，又会是一段再精彩不过的经历，也会有一个再快乐不过的故事。

所以，那些渐行渐远的人，我不怪你不动声色地离开，也请你原谅我的不辞而别，因为我们都有了不同的选择。告别，成全了自己，也成全了别人，我们都在成长的告别中，成全了离开的彼此，也成了更好的自己。

在成长这一场漫长的告别仪式里，如果来不及道别，就不要说再见了。因为相对于伤心地哭着目送身边一个个可爱的你离开，我更加希望的是你默默地离开，那么我就可以在心中留下一份牵挂，然后在你离开很久以后的某一个阳光明媚的早晨里，听到你过得很好的消息，如此，便是最好不过了。

往后的路，我们都要勇敢地走下去。未来的日子里，倘若不能再见，愿你过得更像自己当初努力想要成为的样子。如果有幸重逢，记得把最好的自己带回来。

不必总羡慕别人，你也有你的生活

前几天，听了一场讲座，一位商界人士分享了他的创业故事。他现在已经成立了三家公司，一个搞电商，一个做互联网，一个做传媒。

整场讲座中，大家不仅折服于他事业的成功，而且震惊于他开阔的视野以及幽默又务实的风格，听众里不时发出许多赞叹声。讲座结束，很多粉丝围上去，每个人就像把他的人生作为丰碑一样，不断向其取经。

同行的小伙伴儿也说道："他好厉害，好羡慕他的人生，好精彩，好成功。"而另一位小伙伴儿却说："与其花时间去羡慕别人的人生，不如用时间去超越他。"

突然受到他们对话的启发，发现我们真的花了好多时间去羡慕别人的人生。其实，真正的成熟或许就是不再羡慕别人的人生。

[1]

我们是社会人，我们的眼睛有选择性。

我们常常看得到漂亮可爱，看不到普通一般；我们看得到英俊潇洒，看不到路人甲乙丙丁；看得到胜利的果，却看不到浸透着奋斗血泪的芽。我们看得到成功，且放大成功，却对失败的关注少之又少。

看到了别人的创业成功，心生羡慕，但是却不知在成功之前，他们走过一段怎样的岁月。

听说那个开讲座的商界人士在创业成功之前，经历了好几次失败。

几个合伙人曾经因为决策失误，把赚的几千万全部赔了进去，还欠了别人几百万。

几个小伙儿曾一无所有，坐在银行前的台阶上对人生感到迷茫，但是他们没有放弃，借钱从头来过，才有了今天的成功。

人生的轨迹就是这样，一点点没有坚持住，就可能会是完全不一样的结局。

看起来壮丽雄伟的城堡，曾是别人披荆斩棘建造而成的。我们羡慕的别人的人生，可能就是我们不能走、不敢走，而别人努力奋斗之后才获得的人生。

[2]

前几年，电视剧《欢乐颂》红遍网络。谈及五个主人公，很多人最羡慕曲筱绡，有钱，任性，有话就敢说，不爽就敢骂，活得肆意潇洒。她这样的人生，的确让无数人羡慕不已。

生活中也不乏像曲筱绡这样的人。我认识的一个人，富家女，潇洒的人生不需要解释。在别人还在为学业忙碌的时候，她却在胡吃海喝又旅行；在别人还在为工作挤破头的时候，已经有好几份工作在等着她挑选；在别人还在素面朝天之时，她已经妆容精致，用着大牌奢侈品。多少人羡慕她一出生就享受精彩的人生，那是一种将自己的时间快进几倍也赶不上的日子。多少人认为她就是上天的宠儿，那是一种祈祷不来的幸运。

和她相熟后，我才知道，她虽然有钱，但是家庭却并不幸福。父母离婚，且各自重新成家。她很有钱，但是她觉得回哪边的家，也都不是自己的家。

[3]

你有没有花时间去羡慕别人？我承认，我有。小学二年级，我们班上课很吵，当时我们的班主任语重心长地跟我们讲道理。

她对我们说：“你们再这样玩下去，将来要做什么？你们的家庭可以一直供养你们吗？”我们集体都不敢说话了，她接着说：“你们家里比较有钱的，可以举个手。”可是，没有人举手，因为我们大都来自极其普通的家庭，于是班上刚刚的热闹变成了持久的安静。

后来，一个男生慢慢举起了手。那是第一次，我特别羡慕别人的人生。为什么我的家庭、我的父母，没给我提供一个可以举手的机会呢？

长大一点儿，看着电视里同龄的孩子能歌善舞、多才多艺，才知道世界上有一群人，他们过着我未曾设想过的生活。那些从小培养起来的爱好、兴趣、才能，甚至是眼界，从来就不是我这种普通家庭可以负担得起的人生。

后来跟好友聊天儿，他说他很羡慕我，羡慕我坚持着自己喜欢的事情，生活有计划、有规律，家人温暖，好友众多，生活都是满满的正能量。我这才发现，那些我曾羡慕的人生，是我遥不可及的；那些我曾经不愿接纳的生活，却是别人求之不得的。

[4]

随着年龄的增长，那个小时候不断羡慕别人的自己，开始转变。对世界了解越透彻，就越知道没有谁的人生真的可以肆意一辈子。看的书越多，就越知道，福祸相依，生活就是经历过无数的大风大浪，然后走向平平淡淡。走的路越远，就越会发现，再多的钱也比不过有一条可以回家的路。

真正成熟的人会知道：任何人的光鲜亮丽，必有他该面对的艰难险阻；任何人的潇洒人生，也有着难以言说的苦楚；任何羡慕之谈，或许不过是对自己不能重塑的人生的向往。

就像小时候在学校，“好学生”羡慕“坏学生”不用那么努力，“坏学生”羡慕“好学生”可以得到很好的成绩，而“不好不坏的学生”羡慕着这两种人都可以得到老师的关注。

但是，何必羡慕他人呢？你也有你自己的生活啊。

第三章

梦想，值得我们奋不顾身

以梦为马，不负韶华

鸟儿有飞向任何地方的能力，但总是停留在一个地方，这是因为它们没有梦想。有梦想的人，内心坚定，不怕重来，因此能走得更远。

一诚出生在一个西部小城，从小到大都是一个听话的学生，学习成绩也不错。18 岁那年，他信心满满地参加了高考，却意外地失利了。他不甘心，复读一年之后，依然如故。当然，他还是不甘心，但是一连两次失败消磨了他很多勇气，他不想做第三次尝试了。

他的父母都是铁路职工，没有同意让他和大多数年轻人一样乘坐火车到大城市去寻找机会，而是让他留在铁路上，有父母安排，稳妥一些。一诚同意了，他成了一名铁路工人。

守在铁道边的小屋里时，收音机是一诚最好的朋友。听着主持人那遥远而美妙的声音，一诚仿佛又回到了自己的高中校园，那时他曾经在班主任的指导下管理着校园广播。校园那封闭的状态，让一颗颗年轻的灵魂感受到了约束，大家想尽方法逃离那里，在书籍和网络中与外部世界交流。不久大家发现，听一诚那清朗而富有磁性的嗓音读新闻，念文章，也能够让他们躁动的心灵犹如感受到清脆的泉鸣，一诚成了校园里的明星，大家都觉得他应该去学播音主持。但是命运跟一诚开了一个接一个的玩笑，他没考上任何一个有播音主持专业的大学。

而此刻，一诚在逼仄的小屋里听着收音机，目光追随着冰冷的铁轨望向远方，一条条钢铁巨龙在夜色中静静地趴伏在轨道上，仿佛也想听听这个孤寂少年的美妙嗓音。于是，一诚模仿起收音机里的主持人，将新闻和故事讲给火车听。

白天，一诚失去了收音机的陪伴，只能重复着自己的机械性的工作，盯着站台上熙熙攘攘的人群，想象这些人丰富多彩的人生。他们来的来，走的走，各有各的幸福，也各有各的不幸。但是，在一诚眼里，他们是自由的，而在小小的站台上度过一生，并不是他想要的生活。

于是，一向乖巧的一诚第一次和父母发生了激烈的争吵。父母觉得这是别人梦寐以求的工作，一诚只是一再地重复：我的梦想不在这里。父亲摇着头叹息："傻孩子，你以后肯定会后悔的。等你以后想回来，只怕没有这个机会了。"一诚知道父亲说的是实话，在很多人眼里，铁路上的工作的确是个"香饽饽"，但他不想要。

他的梦想在远方。他来到了沿海的T城，这是一座繁华的都市，人很热情，传统和现代在这里有着完美的融合。他开始打很多份工，晚上报了夜校念大专，选择的专业自然是播音主持。他当然知道夜校有些"不入流"，但只要对他的梦想有帮助的东西，他就不会错过。

工作的艰辛，并没有冲淡一诚对未来的渴望。也许是在回报他的努力和坚持，两年后的一个晚上，他接到高中班主任的电话。一诚觉得自己高考失利，班主任肯定不再关心这个不争气的学生。但是让他意外的是，班主任始终惦记着这个有着温润声音的学生，正是她的惦念，为一诚的梦想推开了一扇门。原来，班主任从T城的一位朋友那里听说T城都市电台正在招聘客座主播，想到这对一诚来说或许是一个机会，所以第一时间打电话告诉了一诚。

一诚是流着泪水挂掉班主任的电话的，他为老师的关心而感动。他敏锐地觉察到这次机会的难得，只要抓住了，自己的人生就能柳暗花明。

他的声音、他的机敏和专业水平，都得到电台的肯定，他成功了！他成了一名客座主播。热爱、坚持和努力让他抓住了梦想的尾巴，开始像展翅翱翔的鸟儿一样向着目标不断前进，再没有什么能够阻挡一颗飞向自由的心。几年后，他成了正式主播，再后来，他凭借不错的形象成为一名电视台主持人。当一诚站在绚丽的舞台上妙语连珠时，谁能想到他在几年前还是西部小镇里的一名铁路工人呢？后来的一诚，在讲述自己这段经历时说过：夜晚的声音会发光。他非常感谢当年在夜色下、小屋里陪伴过他的那些电台，主播们的声音发着光，照亮了他的人生。

繁忙的都市，行色匆匆的人们，他们之中有无数人正被与梦想并肩战斗的激情驱动着前进。只要你不让生活陷入麻木，还是能够偶尔想起自己渴望的路。我们常常嘲笑像堂吉诃德那样为了实现梦想而疯狂战斗的人，但是站在我们的立场上，是否有资格让他们放弃呢？或许，最想放弃的反而是我们自己吧。

当我们嘲笑堂吉诃德是疯子，认为从铁路工人到主持人的一诚是个例，在自己身上根本不可能发生时，或许该想想村上春树的这句话："以卵击石，在高大坚硬的墙和鸡蛋之间，我永远站在鸡蛋那方。"趁我们还年轻，趁梦想还炽热，不妨做一回鸡蛋，和人生的高墙斗一斗呢？

你不努力，梦想永远只能想想而已

世上很多东西往往是掌握在我们自己手中的。比如积极，你不积极，没有人会怜悯你的颓废；比如勇敢，你不勇敢，没有人会同情你的怯懦；比如努力，你不努力，梦想永远只是想想而已。只有将梦想紧紧握在自己的掌心里时，希望之光才会降临在你头上。

至今还记得在初入大学校门时，我的目光就被迎面而来的照片墙牢牢吸引住了。在那面贴满了各种照片的墙壁上，我一眼就被一个笑得极其灿烂的脸庞所吸引，那是我第一次知道了王淼学姐。后来我听学长介绍才知道，原来王淼学姐是我们学校响当当的风云人物，毕业不到五年就担任了本市一家知名外资公司的财务总监！

照片上的她笑容可掬、清纯可爱，没想到还是个内外兼修的才女。不过学姐才毕业没几年就攀登到了如此巅峰，想必父母也是有钱有势的人物，出自这样的家庭，估计学姐就属于人生一路顺风顺水、令世人艳羡的幸运儿吧。后来也曾在很多老师口中听到关于她的只言片语，大意就是让我们以她为榜样去拼搏奋斗。就这样，我对她的印象一直停留在那一张照片以及别人的口中。直到数月后在学校举办的往届毕业生讲座上，我才目睹了学姐的真容，才知道我当时的一切推断是多么的幼稚和无知。

那天，我一眼便认出了王淼学姐，她身穿一袭简约大方的白色礼裙，气质出众，脸上是不变的明亮自信的笑容。相比照片上清爽的短发，她此刻梳起的高高的马尾似乎更与她的气质相配。主持人非常礼貌地将她邀请上来，就这样，学姐开始向我们分享自己在毕业后的种种经历。她的人生历程使我的内心受到了前所未有的触动，她发自肺腑的劝勉之言更使我受益匪浅。

学姐出身普通家庭，从小就有一个梦想，那就是去到处林立着摩天大厦的大城市工作，到更广阔的天地，开启属于自己的人生。虽然这与其他人的梦想比起来有些笼统而空洞，但是她还是固执地坚持着。高考后填志愿时，她在亲朋好友的推荐下选择了金融专业。我本以为学姐接下来会讲述自己在进入大学之后，如何努力，如何刻苦，但出乎意料的是，学姐从此过上了和大多数人一样的慵懒生活。

每天除了上课，就是闷在寝室里看各种没营养的偶像剧、电影、小说，或者打游戏。偶尔也会想想年少时的梦想，但此时的学姐已经沉浸在舒适的环境中无法自拔。大学时光稍纵即逝，马上就要毕业了，学姐才发觉自己一无所获，在不知不觉中，梦想已经离自己远去。

台上的学姐一脸平静地诉说着自己的沉沦，而台下的我们则是一脸诧异地望着她，似乎没人敢相信眼前这个光鲜亮丽、事业有成的女孩儿，居然如此颓废而普通地度过了大学时代。

毕业之后的她没有任何有含金量的证书，也没有高人一等的学历。她选择回到老家，并在机缘巧合下进了一家花店。成了一名普通的花店店员。不过当时的学姐安慰自己说，就当是增加阅历。

由于花店效益不好，没多久，花店老板就决定将花店低价转让，学姐认为这是一个机会，于是在父母的援助之下，她接手了这家花店。通过悉心经营，虽然花店的生意算不上红火，但总算步入了正轨。学姐偶尔也会想想自己当初的梦想，起初也会替自己惋惜，但紧接着又会安慰自己，平凡安逸的生活也没什么不好，便继续安稳地过着自己的小日子。

当她说到这里，似乎按照老套的剧情，接下来就是顺理成章地相亲、结婚、生子，平淡地过完一生。学姐说当时的她也是这样认为的，直到那次同学聚会以及之后的一连串打击才彻底改变了她的命运轨迹。

毕业数月后，几个要好的小姐妹组织了一场聚会，大家开心地聊天聊地，最后聊到了现在的生活。学姐了解到她们其中有人考上了公务员，有人考研成功进入梦寐以求的大学，有人如愿进了上市公司当上了小领导。此时的她在心里感慨道：才不到一年的时间，大家都实现了自己的梦想，而自己也曾无数次想起过当初的梦想，却从没有打算去兑现。这时，大家又纷纷神气十足地谈起了大城市的繁华与新奇，那里充满了未知和期望，那也曾是学姐梦寐以求的。

有个同专业的姑娘问起了学姐，得知她回老家开了一家花店，脸上闪过了一丝鄙夷，然后她装腔作势地说："开花店能有什么出息，何况还是小城市，一辈子也见不到大世面。"听完这番话，学姐心里五味杂陈。她虽然选择了随遇而安，但她也是一个敏感而要强的女孩儿。

聚会散场后，学姐回家躺在床上彻夜难眠，经过一番复杂的思想斗争，她不顾家人的反对，放弃了花店的经营。坐上了火车来到她曾向往的城市——杭州，她打算在这里从头开始。由于积蓄有限，生活也变得异常艰辛，那段日子成为她一生难以磨灭的回忆。每天拿着一堆面试资料，奔波在路上，最后终于应聘上了一家会计公司的外勤工作，虽然受过的苦痛让她后悔自己抛弃安逸生活的选择，但当想起自己的梦想和他人蔑视的眼光时，她立马又恢复到全身像打了鸡血似的状态。

一次学姐去一家知名外企送资料，刚要离开时，她看到了一个熟悉的身影，那人穿着当下流行的职业套装，显得干练利落，脚上的那双红色尖头高跟鞋分外抢眼，一头瀑布般的长发披在脑后，精致的妆容配上得体的笑容，简直光彩夺目。此人正是当日聚会上对自己一番讥讽的同学，此时此刻的学姐感觉自己被一种深深的自卑和厌恶感狠狠包裹着，于是她马上掉头仓皇出逃，唯恐自己会被认出来，再被嘲讽。

回公司的路上，学姐做出了一个决定，考 CPA。她知道这不是轻而易举的事，但她更清楚如果想要在这里立足，就必须有资本。

接下来，学姐就开始了无休止的学习，白天努力工作，向前辈学习；晚上一边看网课一边做笔记，接着苦背重难点，然后沉浸在题海中，最后总结错题，以便查漏补缺。即使再枯燥乏味，她也没有一丝放弃的念头。因为学姐始终相信，只有努力才会有出头之日。于是学姐付出更多心血，熬通宵更是常事。

因为工作能力突出，工作效率高，两年后学姐被提拔到了会计主管的位置。在这期间，学姐学会了各种财务软件及办公软件的用法，能够熟练处理各种账务报表，几乎掌握了所有与财务、会计相关的知识模块，并成功考取了CPA证书。

令学姐感到奇怪的是，一直觉得很难考过的CPA，在她定下心来努力去做时，似乎并没有想象中的那么困难。原来努力，还能让人看清自己，人的潜能是不可限量的，你身体里潜藏着宝藏，不努力，你永远无法打开。之后，学姐继续用自己的勤奋和努力一次次证明了自己，后来她顺利跳槽到了一家知名外企做财务主管。

学姐并没有止步于此，而是继续勇攀高峰。她每天坚持练习演讲，站在镜子面前大声说话，纠正自己的表情和站姿。在参加会议发表意见时，她用流利的语言和洪亮的嗓音表现自己。她独到的见解和富有新意的想法，让同事和领导眼前一亮。她还利用零碎时间学习英语，练习英语口语，身在外资企业的她，学好英语至关重要。后来果然派上了用场，领导有一些英文资料需要翻译时，以及接待国外的商业伙伴时，她毛遂自荐，从而获得了领导的认可，接下来又将更多的任务交给她。每当遇到困难，学姐都会努力克服，做起事来也有条有理，效率也更高。

学姐让自己站在醒目的位置，成功地吸引了领导的注意。一年后，学姐凭借出色的财务能力和组织管理能力，坐上了财务总监的位置。无数汗水与泪水交织的那段奋斗期终于换来了日后的荣耀，学姐说到这里时，眼里含着晶莹的泪花，台下的我们有的听得入了神，有的低头沉思。

演讲到最后，学姐语重心长地说："怎么活，选择权在自己手中。反正怎样都是一生，碌碌无为是一生，平平淡淡是一生，功成名就也是一生。人活着既然不是为了等待死亡的来临，那就意味着应该做点儿什么，更何况你们还年轻，有什么理由不去努力。不管你是想去国企、进外企，还是考律师、当作家，何不趁着年轻，趁着有梦想，为青春努力一把。"

学姐说完，全场响起了经久不息的掌声，大家都为学姐的奋斗历程感到钦佩与感动。

我们一生中有过大大小小的梦想，做过无数次的白日梦，但第二天醒来之后，回归现实的我们依旧重复着昨天的生活。或许我们在上班的路上或是某段闲暇的时光里，也会想起那个心中深藏已久的梦想，反思自己是否要做出一些改变，要不要为自己拼一把。有那么一瞬间，也许我们真的打算好要行动，可是计划才执行没几天，就又回到了原来的生活状态和工作模式。

我们的梦想不能只是想想而已，就从此刻开始，鼓足勇气，一口气昼夜兼程，穿过人山人海，走向人生巅峰。

虽然通往梦想的路上布满荆棘，还会遭受风吹雨打，但千万不要退缩，记住你的使命便是通过不断努力，在现实中踩出自己的羊肠小路，走到更开阔一点儿的大道上去，让自己更靠近梦想的生活。也许我们很难成为下一个马云、下一个钱学森、下一个鲁迅，不一定让你的大名响彻世界，但我们可以努力成为一个更优秀的自己，至少你的一生会很充实而有意义。

你想要的，终将盛装降临

每个人都有自己想要的东西，不同的是有些人会去奋力争取，有些人则不付诸行动。

烁是前者。

烁的父母都是十分温和的人，她从来没有见过父母因为什么事情红过脸，也从来没有想过，有一天自己会变成单亲家庭的孩子。

在烁独自拎着行李，走进大学校门的第一年，父母毫无预兆地宣布离婚，随后两人各自组建了新的家庭，事前没有任何人与她商量，烁这才明白，两人早就是面和心不和，之前不过是在她面前做戏。

第一个暑假，烁回了一趟家，看见这个令人伤心的地方，便忍不住想要流泪，这里是她成长的地方，有她儿时的快乐回忆，现在这个家已经支离破碎，没有人在这里居住，缺了最不应该缺的人气，家变成了一个名义上的称谓。烁把家里的灰尘清扫了一下，只在所谓的家中住了一宿就离开了。

从此以后，烁的假期都是先看望一下父母，然后便开始兼职。她给自己存了一点儿钱，用这些钱买了一台笔记本电脑，因为在学校时常会用到，她不愿麻烦其他朋友，也不愿向父母提出要求，便只好自食其力。

父母因为对烁存有很深的愧疚，每周都会打电话关心一下她的近况，但是把心还放在原来家庭的人，似乎只剩下烁一个，爸爸妈妈都已经适应了新家庭的生活，并希望她也可以融入进来。

烁能感觉到她和父母的关系越来越疏离了，她不知该如何处理与他们，以及他们新家庭的关系，思来想去，最好的方法还是自己生活。

于是毕业以后，烁独自去了北京，那个灯红酒绿的城市。她觉得到了那种熙熙攘攘的大城市可能就不会孤独了吧。她现在的梦想只是想有个安安稳稳的家，一个有人气的地方。

怀揣着对未来生活的幻想，烁开始不停地奔波，在这个孕育了无数年轻人梦想的城市，她感受到了这里无穷的生命力，随处可见的匆忙的人群让她明白，她以后的生活必定也是如此。

初到北京，没有认识的人，也无处可去，她只好暂住一家小旅馆，为了找到一个合适又可以包住的工作，她面试了数不清的公司，在太阳下暴晒，被大雨浇淋，挤两三个小时公交去一个地方面试，再赶去另一个地方，脚被磨出了泡，本就消瘦的身体显得越发单薄。

工作找到了，位置比较偏，工作多工资低，但能学到很多东西，而且也不用为租房操心。为了顺利生活下去，烁只能暂且妥协。虽然省下了房租，但是烁每日的开销依旧不少，水电费、餐饮费、交通费、医疗费等，微薄的薪水每月所余不多。

从第二个月开始，烁开始省吃俭用为自己存日后的房租。

在这里工作半年以后，烁换了一份新工作，也租了一间小小的出租屋。她开始了新的生活。之前那份工作让烁得到了很大的锻炼，她很快就在新的公司找到了自己的位置，获得了领导的器重。更幸运的是，她在这里遇到了对的那个他。

终于，在打拼 7 年、恋爱 6 年之后，烁结束了她的爱情长跑，步入了婚姻的殿堂。她的梦想——有一个温暖的家，终于实现了。现在，那个倔强、独立的姑娘依然风风火火地奔忙在她的事业与家庭中间，唯一不同的是，梦想实现后的她，脸上总是挂着幸福的微笑。

其实，我们很多人都没有什么伟大的梦想，我们想要的也许只是一个安稳的家、一份能够养活自己和家人的工作，或是一段幸福的恋情。而即使是这样平凡的梦想，也需要我们去努力，去奋力争取，在这之后，你想要的，终将盛装降临。

我认识一个名叫小夏的女孩子，是一个对外汉语专业的学生。她最向往的工作是在孔子学院当一名汉语老师，教外国人学习汉语，好实现她“让全世界都说中国话”的夙愿。这个理想虽然很高尚，但是她的本科生身份却让她犯了愁，而且她的大学也不是985和211，这是远远达不到孔子学院的门槛的。她的一些朋友都劝她算了吧，那么多硕士生都在朝着那个岗位努力，一个普通大学的本科生哪里竞争得过呢？但倔强的小夏不肯轻言放弃，她更加刻苦地学习英语，不放过任何一个提升自己口语水平的机会，校园里的不少外国留学生都表示曾经被她拽住“尬聊”，而且都肯定她的口语非常出色。

大四的时候，很多同学都开始找工作实习了。小夏没有像大多数同学那样进公司或者培训学校，而是详细收集了很多资料，选定了一个很有文艺范儿的小景点，那里遍布酒吧、咖啡厅和贩卖手工艺品的小店。她了解到那里是外国人频繁出入的地方，几乎成了在这座城市工作、生活的外国人的常驻基地，堪称一个国际交流中心。

小夏虽然没有导游证，也没有执教资格，但是她出色的英语水平还是打动了景点的管理人员，让她做起了半汉语教师半导游性质的兼职工作。她凭借着一腔热情，很快就认识了很多外国朋友，既有在附近大学读书的留学生，还有在这个城市工作的外国人，也包括一些来自世界各国的游客。不久，有一家公司的外籍高管聘请小夏担任自己的汉语老师，这是一位毕业于牛津大学的女士，通过这位女士，小夏又认识了英国青年艾伦，两人相谈甚欢，很快就熟络起来。

半年后，艾伦对小夏发出了邀请，希望她可以到英国工作。原来，艾伦父亲所在的公司与中国的合作非常密切，迫切需要外贸方面的人才。小夏知道这是一个难得的机会，但是这毕竟是一件人生大事，她还是犹豫了，况且她并不确定艾伦是否值得相信。经过一段时间的思考，她终于下定决心追随自己的梦想：想要做一名对外汉语老师，首先得去国外才行，那样才有更大的空间和机会。家人一直知道她的理想，她父亲的一个朋友正好也在伦敦，可以有个照应，小夏终于得以出国。

以上这个故事，我是在伦敦的地铁中听到的。这次异国他乡的偶遇让我们俩都很兴奋，小夏穿着粉红色的外套，背着蓝色的小包，显得青春靓丽。她一边讲述着以上的故事，一边从眼神和嘴角中散发着梦想实现的快乐。她告诉我她没有放弃自学和进修，而且已经成为孔子学院的教师志愿者了。

我该下车了，我们留下联系方式之后挥手告别。或许我们很难再见面，但是我愿意多与这样勇于追梦的人交流。我开始羡慕起她来，娇小的身材包含着庞大的能量，一直追逐着梦想前进，走出了更远的人生脚步。

每个人都有梦想，但是只有踏出前进的脚步，才能在人生和事业中找到最真实的自己。无论你的梦想是平凡还是伟大，只要奋力争取，你想要的，终将盛装降临。

如果不能遗忘，就去努力争取你的梦想

这一天，很久没有联系过的表妹欣欣突然约我去看话剧，中场时我们闲聊天儿，她说她正在写一本书，书里记录的是她做过的所有美梦。她告诉我她很擅长做梦，有的诡异，有的惊奇，有的美好，有的痛苦……我告诉她，她的想法非常了不起，想要写书的人很多，但是很少有人能付诸行动，因为那需要内心的坚持，需要有强大的能量。

欣欣不是个没有故事的女同学。她刚刚结束了一场耗时近九年的恋爱，对方是她的高中同学，谁也不知道那伴随着冲动的年少的恋爱会如此持久。他们两人不在同一所大学，但是欣欣大学毕业后受这股爱情冲动的影响，义无反顾地来到了我所在的这个城市（我们叫它 K 城吧），目的是和她的男友日夜相守。当然，这个故事的

重点并不是这一段无疾而终的爱情，但她的选择却是后面这个故事的开端，我们必须从这里讲起。

初到 K 城，欣欣做了两份工作，第一份是在一家广告公司做 TVC 创意。那段日子很“可怕”，这是欣欣的原话，因为她说现在提起来她还有些抵触。在那里，除了工作之外几乎完全没有私人的空间和时间。所有人听了可能都会觉得不可思议：她曾经连续五天五夜没有回过家，都是凌晨两三点趴在办公室电脑前睡一阵儿，醒了之后继续工作。她说最困的时候她能够站着睡着，常常觉得大脑已经无法控制眼皮，所以它总也不肯乖乖抬起，好好睡上一觉变成了非常奢侈的事。

欣欣不知道自己是怎样坚持下来的，频繁的头脑风暴、提案、拍摄、剪辑……这些东西曾经让她濒临崩溃的边缘，让她变成了疯狂的工作机器人，生活除了工作就是吃饭和睡觉，再也没有一点儿自己的时间。她在那时从来没有想过下班后去看一场电影、一次演出、一场展览或者好好吃一顿午餐，她甚至不再做那些五光十色的梦……虽然现在那一切已经离她远去，但回过头来看，还是让她心有余悸。那段时间她忘记了自己的所有坚持，忘记自己的一切喜好，也忘了问自己一句：你真正想要什么？终于，她再也无法忍受那种没有目标的生活，她讨厌那种紧张的工作环境，也讨厌那样的自己，她离开了那家公司。放弃那里可观的薪酬，欣欣并不后悔，她始终坚持一个人无论如何不能没有生活，她讨厌将工作带入生活中去。她需要充电的时间，她不想忙到连梦都没时间做。

欣欣的第二份工作是一家传媒公司的编辑，她觉得比起第一家公司，这里完全称不上忙碌，她开始有时间做一些自己感兴趣的事。那是一段平平淡淡的日子，每天都是那样相似，恋爱和工作都平静如水。那时的欣欣，没有任何其他想法，悠闲到懒得去想未来。她对那份工作谈不上热爱，所以也不肯花费太多的精力。无非是得过且过，不悲伤也不快乐。那段日子，她也很少做梦，有人告诉她不做梦才是睡得香，她却觉得好像失去了什么东西。

一直到后来，欣欣才想明白，作为有梦想、有追求的人，过分安逸的生活对于他们来说并不是享受，而是一剂封闭内心、压抑动力的慢性毒药，完全无法带来真正的快乐。一个对工作完全没有热情且不去设法改变自己对待工作的态度的人，是时候该自我反省一下了：眼下这份工作，是不是真的适合我？再这样下去是否有意义？这样的生活到底是不是我想要的？我对这份工作是否还有憧憬，觉得它是一条值得自己义无反顾、勇往直前的道路？如果你犹豫了，就能够对当下的生活状态进行一番思考，而生活本身也会通过各种方式给予你启示。

当时，欣欣就进行了一番这样的思考，并且在脑中初步形成了一个构想。这只是一些比较朦胧的想法，她知道集思广益的重要性，于是找到了几个要好的朋友，讨论这些想法能否付诸实施。她难免有些犹豫，怀疑自己是否有能力去实施。偏偏她的男友也不想她去冒险，他劝欣欣："你现在的工作不是挺好的吗？为什么要去冒险？"自己最爱的人都这样说，欣欣开始动摇了，她又陷入了没有梦的日子中，近乎浑浑噩噩地又过了一阵子。

这一天，欣欣在梦中见到了一个留着小胡子、相貌英俊的人对她说："每一个人都有梦想，区别仅仅在于，我们是否有力量去实现这些梦想。"这句普通的话竟然使欣欣惊醒了，她想起来那个人是自己很喜欢的葡萄牙诗人佩索阿，这句话也让欣欣重新想起了自己的梦想。从小到大，她的梦想从未改变——当一个服装设计师。就算成不了什么大师，无法创造出什么大牌，但那才是她最想做的事。于是，她在那个夜晚对自己说：为什么不试试？生活已经这么糟了，我还有什么可失去的吗？从事自己完全不喜欢的工作，每天都不开心，为什么不敢去尝试呢？

有趣的是，一念及此，虽然什么都还没开始做，欣欣却对未来充满了信心，连她自己都不知道这自信从何而来，或许就是生活本身对她的启示吧。于是，她主动找到老板，提出了离职申请。老板把她叫进办公室，劝她不要贸然辞职，还问了她辞职后的打算。欣欣带着自信的微笑说："我要去做自己从小就喜欢的事了：当一个服装设计师。"老板内心忍不住嗤之以鼻：这些年轻人，真不知道天高地厚啊！但是，他还是送上了祝福，因为他看到了欣欣脸上的自信和眼中的光芒，这是他过去从没有在她脸上看到过的。再说，他也知道一个人既然已经打定主意离开，无论怎么挽留都是徒劳。很多时候，工作和爱情太像了，不是吗？

就这样，欣欣离开了这个"安乐窝"。两年前刚到 K 城的时候，她也没有工作，存款也不多，现在一切似乎都回到了原点。但是她的内心却又那么笃定，因为她已经明确了自己想要做的事，所以一切忐忑和不安都烟消云散了。人生就是这样，很多事在你的想象中难于登天，但是当你一旦着手去做时，你一定会从中得到无数的惊喜。这些惊喜是生活对你了解自己坚定内心的回报。当然，随之而来的还有你从未想过的困难。但是，在实现梦想的路上，永远也少不了坎坷和迷茫，但这些坎坷和迷茫却会使我们成长和改变。

毕竟，要想做到蜕变，必须忍受茧或壳的束缚。

于是，欣欣开始“破茧成蝶”了。刚开始跑面料市场，欣欣真的是一窍不通，一切都需要从头学起，并且要夜以继日地琢磨练习。棉、麻、丝、羊毛、羊绒……各种面料都需要一次次用手触摸，体验其质感。男友抱怨她爱面料胜过自己，两人大吵了一架，关系越来越僵。

没有男友的支持，欣欣觉得自己完全是孤军奋战了，但是在她的脑海中从来没有产生过一丝一毫退却的念头，而是更加热切地投入对面料的研究中。她在一开始往往更关心颜色和花纹，因为作为一个初学者，视觉体验总是最直观的。但是逐渐地，她懂得如何去感受面料的舒适度，如何鉴别和挑选面料。她感觉到服装行业像是一个无边无际的大海，需要学习的东西是那么多，直到现在，她还是在认真学习和探索中。但是，欣欣已经不会被任何困难吓倒了，放弃这个词从来没有在她的脑海中闪现过，即使男友提出分手时，她也不过是大哭了一场，第二天就继续投入到自己的考察和研究中去了。后来，她告诉我正因为她内心确定了目标，所以才有这种不屈不挠的劲头儿和不顾一切的干劲儿，这一切都来源于她对梦想的执着。

看完了话剧，满脸笑容的欣欣又向我发出了邀约：参加她服装品牌的一个小型发布会。我答应了，回以微笑的同时还衷心表示希望能尽快看到她写的那本关于梦的书。每个人都有梦想，但并不是每个人都在一直坚持最初的梦想。一直坚持梦想会非常困难，但是他们做出成绩时的微笑才是最幸福、最甜蜜的。毕竟比起不知所谓的忙碌，为最初的梦想而坚持会让人更加坦然。我坚信不经历挫折而实现的目标肯定不够坚实，真正的成功都是经过曲折的道路而实现的。所以，暂时的挫折、苦闷、迷茫没有什么好怕的，与梦想渐行渐远才是非常可怕的事情。

我很喜欢跟朋友 W 聊天儿，虽然他的工作总是特别忙碌，但是对我的“骚扰”总是一副欢迎之至的样子。他虽然总是忙得不可开交，但是过得却非常充实，总是保持着良好的精神状态，所以在大家眼里，他比那些真正悠闲的人还要潇洒。W 平日的工作和许许多多年轻人一样，朝九晚五、周末双休、隔三岔五加班，属于他自己的私人时间算不上很多，可是就在这不多的自由时间里，他还是在坚持做自己喜欢的事。他热爱绘画，给他一支画笔、一块画板他能在公园里坐上一天。他还是有几分绘画天赋的，虽然并不是每个人都有天赋，但这种热爱生活、不放弃梦想的态度却是人人都该拥有的。W 说：“希望有一天能够实现梦想，画出一幅‘传世经典’。”我真的很喜欢他，因为他是真真切切地抱有梦想并为之奋斗的人。

时至今日，我非常庆幸自己也是个依然拥有梦想的人，梦想不分大小和轻重，都是伟大的。为了实现我的梦想，我会做很多更加新鲜的尝试，加入一些特别的元素进行调剂，以使我的梦想永远保持新鲜。想想这些事，我就觉得充实。

不少人怀疑梦想的必要性，毕竟人的梦想往往不是固定不变的，很多过去的梦想随着时过境迁会慢慢溜走，像时间一样不留痕迹，我们也会由于失去年少时的天真热情而给梦想打一个个的折扣。人生道路难免会遇到磕磕碰碰，太多的梦想与坚持敌不过妥协，不敢想象自己如果坚持下去会发生什么。而那些被我们远远丢在身后的梦想，真的彻底从我们的内心拔出，完全被遗忘了吗？如果答案是否定的，为什么不再坚持一下，重拾梦想并开始努力呢？

未来无法预测，人人都要把握好当下，努力争取去做想做的事情，实现未完成的梦想，生活会用无数的惊喜回报你。勇敢去爱，勇敢去追求吧！只要你从这一秒开始努力，永远都不算晚。

别把你的梦想拒之门外

每个人都有自己或大或小的梦想，有的天马行空，有的平凡简单。而我小时候的梦想是拥有一家塞满零食的小店铺，无论我怎么吃，都有吃不完的美食。长大后，我的梦想是成为一名小小的作家，写很多很多的故事，创造一个或好几个和我有相似经历与情感的人物，无论我怎么疲惫，我都不会放弃实现它的信念。

梦想无论怎么模糊，无论怎么贫穷，无论怎么颠簸，它总悄悄潜伏在我们的心底，即使微小，即使脆弱，它依然与我们的人生长久相伴。在某个安逸或迷茫的时刻，它总会像一支振奋人心的党歌，在我们耳边响起，使我们的心境永远不会宁静，直到梦想成为无可非议的事实。

我们都是偌大世界里普普通通的一个人，每天在行色匆匆的人流中奔走，穿行于成功与失败之间；我们都是生活辛勤的耕耘者，没日没夜地在嘈杂喧嚣的环境中忙碌；每一件简单琐碎的小事，我们都会费尽全部心思，将它认真解决，即使无关痛痒，也会全心全意，因为它关乎我们明天的快乐。

我们都一样，一样的善良，一样的坚强，一样全力以赴追逐我们的梦想。

我们都一样，我们无法改变出身，无法改变天生的某个残缺，无法掌控命运，但我们可以掌握一颗年轻的心，从不会把自己的梦想推向绝路。

在看2014年10月4日的《我是演说家》节目时，意外经历一次心灵的洗礼，收获一份关于成长的感悟。

“中央人民广播电台，现在是北京时间十点整。晚上好，我亲爱的听众朋友们，欢迎收听调频106. 6兆赫，中央人民广播电台文艺之声的《广播故事汇》节目。我是主持人丽娜，在这个美好的夜晚，我特别想邀请你和我一起抛开一切的烦恼和疲惫，让自己的心安静下来，静静地聆听一个盲人女孩追求梦想的故事。

“八年前，一个盲人女孩独自坐上了从大连开往北京的列车，这是她第一次一个人离家，而且面对的是一个充满了未知的未来。

但是她还是毫不犹豫地独自前往，因为这是她等了很久很久的一次机会，一次可能让她抓住梦想的机会。是的，这个女孩就是我。

“我还记得我刚上盲校的时候，才不满十岁，那个时候呢，老师就天天告诉我们说：‘以后啊，你们一定要好好地去学习推拿，因为这将是你们以后唯一的出路。’如果有人告诉你们说，你们所有人都只能做同样的一件事情，去过同样一种人生的时候，你会有什么样的感受？我真的不能明白，为什么人生刚刚开始就能够看到结局呢？我为什么不能像其他人一样去选择自己想要的生活、去做梦？如果我连做梦都不敢的话，还怎么谈让梦想实现呢？

“那是2006年的一天，一个特别偶然的机会，我在网上看到了北京的一家公益机构，它可以帮助盲人朋友学习播音主持。哎呀，当时我觉得特别幸福，其实那时候我一点儿也不了解播音主持是什么，它需要什么样的条件，可是我就像抓住了一根救命稻草一样，欣然放弃了所有的工作，踏上了来北京的列车。我告诉自己，我一定要有一个新的开始。

“现在，我还能够特别清晰地回忆起第一次上播音主持课的情景，应该说那是我人生当中真正意义上的第一堂课。当老师发出第一个声音的时候，我一下子就被他的声音吸引住了，第一次知道原来声音可以具有这么大的吸引力，而且让你觉得不舍得去触碰它。就因为这些，我爱上了播音，我开始拼命练习。每天除了睡觉之外，我所有的时间都在摸着盲文，去练习着每一个字的发音；确实累，但是觉得很幸福，因为我终于看到了希望，我终于找到了我最想要的东西。后来我参加了一个朗诵比赛，我是他们当中唯一一位盲人选手，而且获得了还不错的成绩，得了二等奖。之后，有一位评委找到我说：‘我是敬一丹，你想去中央人民广播电台吗？’天哪，你知道我听到这样的话会是什么样的反应吗？中央人民广播电台，那是所有播音人心中的梦想，对不对？那是所有播音员心中的殿堂对吗？所以我当然想去。一个令我特别记忆犹新的冬天清晨，一丹老师拉着我的手，走进了中央人民广播电台的直播间，我坐到了电台的话筒前，完成了我生命中的又一个第一次。那天我真的像得到礼物的孩子一样，我觉得特别兴奋，全世界都听到了我的声音。

“我想说曾经不懂事的时候，我也抱怨过命运的不公平，但是我现在并不这么认为，我会觉得命运不管如何，它不会把你逼上绝路。有时候我在想，如果我真的能够看得见的话，可能就不会像现在这样，真的去寻找一种不一样的人生。今天是 2014 年 10 月 4

号，跟我当初来到北京的时候是同一天。站在《我是演说家》的舞台上，透过手中的这支话筒，我特别想对所有的视障人员说一句：命运虽然给了我们一双看不见明天的眼睛，但是它并没有给我们一个看不见明天的未来；我可以接受命运特殊的安排，但是绝不能够接受自己还没有奋斗过就过早地被宣判，不要把自己的梦想逼上绝路，你的潜能比你想象中更强大。”

丽娜的故事可以说是励志故事的典范。在这冷暖交织的社会中，愤怒改变不了我们窘迫的现状，颓废改变不了我们失败的事实，抱怨改变不了命运冥冥之中的安排。我们要学会处变不惊，学会用汗水洗涤失败的痛苦，学会用坚强战胜颓废后的失落，学会用微笑对抗命运的不公，学会用独立代替依赖。命运设下的种种旋涡与陷阱，并不是为了迎接你华丽的摔跤或碰壁，而是为了让你在充满压力与危险的处境里，学会一个人独立成长。

那些年，那些月，那些天，那些夜，我们遇到了很多的人，我们不能把他们强行占有，自私地、贪婪地将他们绑在身边。不能给他们最好的照顾与温暖，并不是我们的过错，而是我们成长的需要。在我们曾经爱过他们的那些短暂岁月里，我们或许是世上最幸福的人，只是那些日子已成过去，要留也留不住，我们要做的是更加坚强，不为活着，只为让他们看到，我们平平安安的。关于爱情，我们都知道爱有时候不可以乞求，如果我们能够为爱做一件事，甘愿为爱冒一次险，那便是长久的等待，哪怕到最后只剩我们一人孤独终老，也没有丝毫的怨恨，因为爱过，便会无悔。

我们要学会知足常乐，在平淡如水的日子里演绎那个不平凡的自己，用一颗简单的心去感受生活的波澜壮阔。很多时候，我们富了口袋，但穷了脑袋；我们有梦想，但缺少了思想。在我们孑然一身的时候，其实我们并不是真正的贫穷，因为我们还有口袋里沉甸甸的梦想。

我们都一样，一样的善良，一样的坚强，一样全力以赴追逐我们的梦想。

我们都一样，无法改变出身，我们无法改变天生的某个残缺，无法掌控命运，但我们可以掌握一颗年轻的心，从不会把自己的梦想推向绝路，而是将它好好呵护，让它在风雨之中长出一片片嫩绿的枝叶。

努力才能靠近梦想

青春宛如一弯新月，有缺憾和不满。但脚下的路，无论你走或不走，时间这艘航行在人生轨道上的巨轮，并没有因为你此时的娇弱而放慢前行的速度。

每个人曾经都有各式各样的梦想，总是在时间匆匆流逝以后，用回忆来缅怀过去，悔恨将来。但你可否想过，常言道：少壮不努力，老大徒伤悲。在人生没有结束之前，当下的你和前一秒的你相比都可以称之为少壮。永远保持一颗年轻、追梦的心，那么就不会老大徒伤悲了。

梦想和目标永远不会抛弃任何一个人，只有人们抛弃梦想。

美梦成真来源于努力和自信，生活中每个人都会碰到一个令自己羡慕不已的人，有时因为他身上有令人羡慕的才华和事业；有时是因为他的外貌或身材；还有时是因为他的爱情、友情和亲情。在羡慕别人的时候，有没有人反思过自己，为什么他有的自己却没有？

如果是因为才华，那么，才华是从哪里而来？或许是在你拥有惬意美好的闲暇时光的时候，而他却在努力去学习你现在所羡慕的东西。

如果是因为事业，你没有看到，在你和朋友吃着火锅、唱着歌的时候，他却在加班加点地拼命工作。

如果是因为样貌和身材，在当今的社会条件下你完全可以花时间去改变。

如果是因为爱情和亲情，用心和时间来灌溉，你生命中本该属于你的缘分就会出现。

就如同高峰只对攀登它而不是仰望它的人来说才有真正的意义。

谈及梦想，每个人总是有千万个理由。工作太忙、年龄太大、时间已晚……世界上最容易的事情中，拖延时间最不费力。什么叫晚？60 岁开始学习芭蕾的奶奶晚不晚？50 岁开始考大学的爷爷晚不晚？

胜利永远不会主动向我们走来，或许随着时间的推移，梦想变得越来越模糊，最后只剩下嘴上还记着，心里早已起不了任何涟漪，久久不能实现的愿望就转变成了梦想。

真正懂得梦想的人都知道，梦想不抛弃苦心追求的人，在我们生命还没有终止之前，都不能称之为晚。有的人 26 岁开始学舞蹈，后来成为一名优秀的舞蹈演员；40 岁痴迷于戏曲，50 岁成为一名专业戏曲演员；30 岁才开始努力工作，后来成为一家上市公司的总监；甚至有 16 岁辍学，在 22 岁通过自学考入大学的人。成功不是将来才有的，也不是在过去的时间里来不及做的，而是从决定去做的那一刻起，持续积累而成的。

尝试着开始，尝试着突破自己，就会有实现梦想的可能。少年时来不及做的事情，青年时开始并不晚；青年时来不及做的事情，中年时做还来得及；中年时没有勇气去实现的事情，现在做依然不晚。

追求梦想需要勇气，无论你从什么时候开始，只要你肯花时间去尝试，万一梦想实现了呢！

生活总有一个规律，一个不变的磁场，想逃避总有借口，想成功总有方法。当你走到一个高高的门槛前，感觉无法跨越的时候，上天总是神奇地在另一边为你打开一扇窗，让你接近梦想。

这个社会或许存在不公平，但不用抱怨命运，因为没有用，人总是在反省中找到新的起点。没有创造地生活，只能算是活着。

甩掉你的包袱，丢掉你的借口，挤出一些时间，从现在开始行动，你现在所努力的，在不久的将来就会变成让别人羡慕的砝码。

不要把梦想带进坟墓，到那时就真的晚了。老虎不发威，它就是一只病猫！发威了它就是王者！所以人人都可以是王者，同时也可以是病猫，关键看你自己的选择！性格决定命运，选择改变人生。

第四章

该奋斗的年纪，不要被安逸葬送

你可以待在舒适区，前提是你得接受停滞不前

半夜，好哥们儿阳突然打来一通电话，他心情沮丧，对辞不辞职犹豫不决。阳在国企工作了近5年，最近突然有了辞职创业的念头，我耐心地给他分析了一下，不过，他听后依然拿不定主意，他担心如果辞了职，那每个月就没有了保障，而创业是有风险的，他无法保证一定能成功。万一失败了，他该怎么办……

阳的这通电话让我突然想起了几年前的郭子，郭子也问过我类似的问题：要不要辞职去上海发展？郭子大学毕业后考上了家乡的公务员，工作简单，日子清闲，过了一年这样的生活，郭子就厌烦了，所以他问了我上面那个问题。不过，郭子最后也没有辞职去上海，因为他在上海一无所有，没有房子，没有车子，也没有亲人和爱人，他不敢冒险，不敢独自去漂泊闯荡。

转眼几年过去了，郭子偶尔还会在电话里和我抱怨生活的无聊，但他也只是抱怨而已，我知道，他是不会辞职的，更不会带着一腔热血到大城市打拼。

诚然，曾经的郭子是热血沸腾、怀揣梦想，想要突破自我、展翅翱翔的，但他习惯了安逸的生活和稳定的工作，他将自己禁锢在了舒适区。自此，他的抱负、梦想只能与他渐行渐远，留在昔日的梦里了。

回想我这一路，未尝不是血泪交织。写作是一条孤独又漫长的路，刚开始写作时，我没有经济来源，只能依靠父母，心里觉得既惭愧又内疚，但因为喜欢写作，所以咬着牙一天天坚持着。

一个月过去了，两个月过去了，我的写作并不顺利，每每陷入无法下笔的窘境令我懊恼万分。父母也曾劝我去考公务员或国企，他们说，什么工作都比不上铁饭碗。

然而，我不信。

既然写作并没有我预想中那么顺利，我决定先去找份和文学相关的工作历练一下，一方面我觉得不能在家啃老，另一方面我也想出去见识一下。

就这样，我毅然决然地离开了家乡。对于父母的劝阻和朋友的不解，我态度坚决，就像一个已经披上盔甲，准备上阵杀敌的士兵一样，只一心期许着能出人头地、拜将封侯，然后威风凛凛、得胜归来。

刚从家乡出来时，对一切都很陌生，从租房到找工作，我一时间忙得晕头转向。房子租好了，工作找好了，接着要面对的就是适应环境。

在图书公司，我学着开始处理稿件、校勘书籍，有时会因为一个错误而受到上司的批评，有时会因为身边没有亲人的陪伴及朋友的鼓励而沮丧，但我从未想过离开，因为这条路是我自己选的。

两年的时间，我从普通编辑升到了策划编辑，这期间，我结识了很多作者，知名的或不知名的，在他们身上，我看到了我当年的热血。

之后，虽然工作很忙碌，但我还是尽量在闲暇的时候，勤奋地敲打着文字，诉说着自己的故事。

无数个寒暑和冬夏，无数个漫漫长夜，最终变成了一个个生动的文字。其间，投稿出去的文章很多都石沉大海了，但偶尔有一篇发表，我也欣喜若狂。

还记得，我花费一年时间写的第一本书自费出版后销售很不理想，让我损失惨重。不得不承认，这个作品还有些粗糙，不够完美，但当我小心翼翼地将它展示给我的朋友们时，在他们或赞许或指正的言辞中，我重新获得了力量。

经年过去，如今的我写了很多文章，收获了很多真心喜欢我的读者，我在这个城市不再感到寂寞孤单，因为这里早已有了一群和我志同道合的朋友，我们都同样不甘平庸，同样想要证明自己。

我很想告诉现在彷徨不前的阳，如果我当年听从父母的建议考了公务员或国企，而不出来折腾，那么我肯定没有如今的成就和满足。当我们满足于舒适区的安逸后，就容易心生懈怠，最终的结果就是停滞不前。

俗话说：人无远虑必有近忧。世上并没有永远的一劳永逸，满足于一时的舒适，也必将迎来一时安逸所带来的苦恼。

我理解阳的顾虑，每个人都害怕不稳定，害怕失去安全感，这也正是许多人不愿意走出舒适区的原因，但不走出来，也就永远无法看见另一个崭新的世界。

世上有那么多人，看看你的身边，肯定有勇敢迈出脚步的人。

青蛙会死于温水，就因为它贪图安逸，人也是一样的，如果一味地待在自己的舒适区，不思进取，那么最后难道不会和青蛙一样“挂掉”吗？试着逼自己一把吧，不努力试一试，你怎么知道不行呢？

如果你非要待在舒适区，那么就别抱怨一无所成、停滞不前，你又能怪谁呢？

未曾拼尽全力就已经说要放弃？

生命中最痛苦的事并不是拼尽全力却一事无成，而是未曾拼尽全力，却已经宣告放弃。

哥们儿阿凯是我的邻居，我们从小在一个胡同儿长大，记得那时候，我们像双胞胎一样形影不离。

阿凯是个聪明的家伙，在学习上一直吊儿郎当，我却一直不敢马虎，天天拿着书本死记硬背，但每次成绩出来，我们都差不多。

初升高那年，我没日没夜地做题，最后考上了县里的重点高中。而阿凯呢？分数差了一点儿，父母便托关系送他进了重点高中。

如此一来，我和阿凯又有缘上了同一所高中，但可惜没分在同一个班级。上了高中的阿凯还是无心学业，听说他经常和同学一起逃课、泡网吧。我偶尔见到他，会狠狠地骂他两句，但那小子就笑笑，一副无所谓的表情。

高三那年，很多人都在拼命苦读，想要迈进理想中金光闪闪的象牙塔，但阿凯却依然漫不经心。我也曾苦心劝过他，但我知道他还是没听进去。

眼看快要高考了，阿凯的父母都快急成了热锅上的蚂蚁，几次来我家哭诉，担心阿凯的前程。

这事正好被来我家做客的表舅撞见了，表舅在一个建筑工地当工头儿，当时就让我周末将阿凯带去，说是让我们去体验体验生活。

那天，表舅安排我们在工地搬砖，还给了不菲的报酬，阿凯看有零花钱赚就同意了。

我和阿凯都没干过重活儿，刚开始还干劲十足，没多久就累得气喘吁吁，坐着不想动了。表舅走过来，调侃地说："怎么，这么快就干不动了？"

听表舅如此嘲笑我们，我和阿凯都马上站了起来，推起小车，重新搬起砖来。我们干一会儿歇一会儿，好不容易挨到了中午。

吃完午饭，我和阿凯坐在工地上休息，阿凯没好气地对我说：

“下次再有这活儿，别叫我，太累了。”

表舅走过来，坐了下来，指着那些坐在远处的工人说：“你们以为他们就想干吗？谁不累啊！但凡能做其他工作，谁愿意在这受苦受累啊！”

阿凯说：“表舅是工头儿，说起来也挺威风的。我不做小工，也像表舅一样做工头儿就行了。”

表舅一听，苦笑说：“威风？天天在这工地上混，和砖头、水泥打交道，威风吗？我也是从小工一步一步爬上来的。你知道这些工人里有多少是因为高考成绩只差了一点点就只能像这样在工地上混吗？”

“你看那边正在搬沙子的小刘，当年高考的时候他只比录取分数线低了三分，这三分就是一道巨大的鸿沟啊！他家实在太穷了，根本负担不起他去复读，他就来打工想要挣出来年的学费。如果他的家庭条件能够像你家一样，他早就比你强十倍百倍了。”

人与人之间的巨大差距就这样血淋淋地展现在阿凯眼前，他从没有像今天这样明确而清晰地认识到这世界的不公。

表舅接着说道：“我们工地的老板年纪轻轻就创下了一份家业，但你知道这是怎么来的吗？那是他拼死奋斗来的。他十几岁就从家里逃了出来，为什么要逃？因为如果不逃他家就会送他去采石。别以为采石只是简简单单地把石头搬出来，用到炸药时一不留神就会被炸伤，你知道每年有多少人被埋在石堆底下吗？所以我们老板逃了出来，只为了平安地活下去。”

表舅深深地叹了一口气，又说道：“有些人的确天生就缺少读书那根弦儿，可是阿凯，你真的尽量去尝试了吗？你根本就没去尝试，又怎么知道自己不能实现目标呢？人生最遗憾的就是还未拼尽全力去做就放弃了，殊不知，若干年后，你就会后悔。”

最后，表舅拍拍我和阿凯的肩膀，说：“记住，你们还有机会，要拼尽全力再决定是否放弃。”

我和阿凯都点点头。

后来，阿凯有些不一样了，他终于集中精力开始学习了，甚至还报了补习班。看见如此勤奋学习的阿凯，我那时还有些不适应，心里却很高兴。

阿凯的进步还是很明显的，要知道，这小子天生就比一般人聪明。

最后，我考上了心仪的大学，阿凯也考进了一所不错的大学。再见阿凯，我大声笑他说：“你看吧，我就说你一定能考上。”

阿凯大笑说："嗯，我也没想到我居然如此天资过人。"

我无奈地白他一眼。

许多年过去了，我依旧记得表舅的话：要拼尽全力再决定是否放弃。如果我们未曾拼尽全力去做一件事，那么就不能轻易说放弃。只有拼尽全力了，我们才有说放弃的资格。

人生路漫漫，放弃两字说出口很容易，但轻言放弃的人注定走不到理想的彼岸。无论前路多么崎岖，无论现在多么艰辛，我们都要怀揣勇气，坚定不移地走下去，唯有拼尽全力，人生才能苦尽甘来、繁花盛开。

别再轻言放弃了，好吗？

人生在世，就得"拼"，你说呢？

青春不奋斗，你要青春做什么

一年有四季，春夏秋冬，从万物复苏到郁郁生机，从萧瑟秋风到万物凋零，人的一生也是如此，经历了生机从勃发到消退的过程，随着时间流逝，生命力盛极而衰，逐渐萎靡。

正青春时，我们有充满活力的身体，可以穿着短裙、短裤，在阳光下尽情挥洒汗水；我们有充足的精力，可以尽可能地看很多的书，在书堆里畅快地汲取养分；我们有充足的时间，可以去追寻自己的梦想，在追梦路上肆意奔跑。我们的身体和大脑不会被疲劳打败，这是我们奋斗的黄金时代。

这些道理都是我的姑姑教给我的，她不仅是我的亲人，更是我人生中的导师。别看她现在是一位成功人士，她以前可是用了比别人多十倍、百倍的努力才有如此成就的。她曾经这样对我说："我这么拼命，就是想自己主导自己的命运，不再低三下四地看别人的脸色办事，可以底气十足地告别不满意的生活。”

她说的话深深震撼了我。

因为小时候家里条件差，姑姑上完高中便辍学了。小小年纪的她，独自一个人去了北京拼搏。在女孩儿最美好的年华和最迷茫的时光中，她进了一家玩具加工厂。

那个时候，和她一起的还有七个女孩儿，因为厂里加班是常有的事，因此公司是提供食宿的。八个女孩儿挤在一个小小的宿舍内，每天早晨 6 点钟就起床，穿上统一的廉价工装，在一个噪音很大的工厂里工作，摆弄着一大堆仪器，每天做着相同的事情。

可以想象这样的生活是多么的无聊、枯燥，唯一的娱乐生活就是在宿舍睡觉前女孩子们会聊聊天儿。那个时候，宿舍一关灯，女孩儿们就会照常地感慨生活多么不易。只有姑姑一个人躺在床上望着外面漆黑的夜晚发呆，身边的女孩儿说她太冷漠，可她们哪里知道姑姑她是在思考自己的命运。她不想就这样一辈子平凡下去，她知道能改变自己命运的唯一方法就是学习，她想通过自考大学来改变命运。她想通之后，就经常在下班后找个安静的地方看书，当其他人谈话聊天儿时，她自己一个人默默地学习。对有些人来说，能在大城市有一份工作就已经万事大吉了，而自考大学是那么遥不可及，所以，没有一个人理解她，更多的是认为她不自量力。

为什么懂自己的人很少，陪你走到最后的人，也会慢慢变少？

因为很多时候，人们的想法有巨大的差异。即使你不知道未来有什么在等着自己，但你想要改变自己，想要去追逐自己新的梦想，想要接受冒险和挑战。而这个时候，另一群人则接受不了这样的冒险，他们担心自己承受不了大胆尝试的后果，一边抱怨，一边自我安慰，结果就是浑浑噩噩地过日子。

姑姑连续考了两次，终于考上了。得知自己被录取的那一刻，她止不住地流泪，她知道自己的努力并没有白白付出。她是一个很果断的人，当天便递交了辞职申请，准备去上学。

大学期间，别人忙着恋爱，忙着结交朋友时，她把精力全部放在了学习与家教工作之中。毕业之后，她自信满满地重新找工作。命运兜兜转转，又回到了当初，她再次进了那家玩具公司，不同的是，这次她是作为管理人员入职的。

此后，姑姑从来没有放松过对自己的要求，现如今她已经拥有了自己的公司。

她现在已经是老家的传奇了，谁能想象一个高中毕业后便辍学的人能凭借自己的努力成为一名女企业家呢？

我们拼命努力，不停地挑战，就是为了改变命运，就是为了活得更潇洒，让自己的人生不再受控于人。当你在努力时，你就会发现，自己已经强大到可以笑看生活中的一切。

时光的流逝总是去得悄无声息。

二十多岁的年纪，是我们人生发展的黄金时期，我们各方面都已经走向成熟，会达到生理状态的巅峰，此后我们的状态就会下滑。

这段时光对于我们来说是弥足珍贵的，浪费了这段时间，就相当于错过了奋斗的黄金时间，再不奋斗我们就要老了。

你不必样样精通，但必须有一样出众

每个人都是与众不同的，但是你与他人最大的区别是什么呢？你最出众的地方又是什么呢？

上学时，班级像个小社会，这中间有人学习好，有人写字好，有人跳舞好，有人画画好，有人有领导能力。需要出黑板报，写字好、画画好的同学就会被叫出来，需要组织节日晚会，会唱歌、会跳舞、有组织能力的同学可以大展身手，而一无所长的人则会在班级中被掩盖。

人生是更大的舞台，人们掌握的技能也更复杂。有人精通写作，可以成为作家；有人精通做饭，可以成为厨师；有人精通美术，可以成为画家。但是不管在哪个领域，人都必须具有一技之长，才能保证自己在社会发展的过程中不被淘汰。

大奔是个公认的学霸，大学学的力学，准备考研的时候听说生物专业好就去学了生物专业，但是毕业以后依旧不好就业。于是家里又花了几十万让他出国深造，在国外他选择了好就业的会计专业。

大奔抱着对未来的美好憧憬回到国内，却开始了十年如一日的枯燥工作，随着年龄增长，大奔被家里人催着结了婚，靠家里人的资助有了一套房。大奔的妻子是个全职太太，大奔是家里唯一的经济来源。为了能够多一点儿收入，大奔时常要加班加点，可是工作三年，薪资也不见涨，还在啃老。

父母说他不争气，妻子埋怨他没有出息，大奔内心苦闷地过了一日又一日，不停地思考自己的人生哪一步出了问题。

直到有次同事聚会，大奔在闲谈中得知了其他同事的近况，这才真正弄明白自己和别人的差距。公司有六个会计，两个中级会计师，还有两个刚刚拿到了注册会计师证，准备跳槽，他们都在不断地为自己的以后做准备，而自己还窝在这里仿佛要到地老天荒。

如果自己一开始坚持学力学，可能会在这个自己热爱的领域有所建树，如果自己坚持生物领域，这么多年也会成为这一领域的专家，如果自己一回国就准备注册会计师的考试，现在也不会如此混沌。大奔醒悟了，自己还年轻，自己如果拼一把，能通过CPA，自己的未来会是另一翻光景，但这一切何其困难。

在大奔犹豫不决的时候，妻子为他准备好了考试资料，逼着他开始准备考试。

学习可以让人看到更广阔的世界，当一个人深入接触某一领域，就越发觉得自己无知，而这个正是催促人不断向前的动力所在。

当大奔拿到证书的时候，他已经33岁了，但是他一点儿也不后悔，因为未来还有无限的可能。

鱼只有在水中才能享受到快乐与美好；鸟儿只有在天空中才能发挥最大的价值；老虎只有在树林中才能得风要雨；麻雀生活在林梢上，一旦被关在笼子里，它的生命也就要结束了；画家只适合挥笔画画儿，让他创作歌曲，就是驴唇不对马嘴……世间万物，无论是人还是物，都有自己独特的生存方式，都是依靠自己独有的特长存活下来的。如果抛弃自己的特长，就会失去生存的机会，就会被替代。

“稳定”不过是怯懦的借口

几年前，表弟小刚的公司由于业务扩展，领导有心让他多接触几个全新的领域，但新项目生疏烦琐，需要从头学起，而且风险重重，效益也不稳定。小刚总觉得麻烦，不如原来干得顺手，婉言谢绝了领导的好意。我劝过他几次，但他总觉得眼前的稳定比什么都重要，没必要为了不一定成功的事情费时费力。

结果今年一开春，新业务逆势上涨，迎来了急速扩张期。小刚所属的传统部门萎缩衰退，工资平均下调了40%。

我有一位朋友叫青姐，今年33岁，女儿两岁半，每个月给老公主动打电话的时间只有信用卡还款日。平日里，宋仲基、霍建华、阮经天挨个儿追，热情程度不输萌妹子。有一次还装病请了半天假，集结了十几个“华粉”去机场接机，和霍建华合了一张影，激动得差点儿晕过去。回到单位医务室一查，高压都飙到137了。

我们都打趣她："追星也得看身体啊，这么大岁数了，还跟着小朋友东奔西跑、熬夜尖叫，第二天还得上班打卡、料理家务，体力透支老得更快啊。"

青姐忽然就塌下眉毛，喃喃地说："可我就是想有个机会能疯狂地爱一场啊。我看到他们在电视剧里阳光帅气，宠起女朋友来人神共愤，我就心潮澎湃。我不是迷他们，我是迷爱啊。"

我不明就里地问："那您老公呢？"青姐叹了口气，说："我们是相亲认识的，他工作踏实，为人木讷，所有人都告诉我，和他结婚会很稳定。是啊，我们足够稳定，每天早晨6点起床，晚上11点睡觉，每三天一次大扫除，闭着眼睛也知道日子怎么过下去。可我俩真的没话说，我真的不快乐啊。稳定就像是一张符咒，镇住了我对爱情所有的憧憬，我也只能在一地鸡毛中追几个肥皂剧的男主角了。"

看着青姐欲言又止的样子，我默默地闭上了嘴。不知从什么时候开始，稳定成了衡量一件事或一段关系的重要砝码。只要够稳定，幸不幸福、喜不喜欢、值不值得都显得没那么重要。可稳定真的就该是我们追求的最佳状态吗？

不想冒险的小刚误以为抓住了稳定，而青姐又把爱情溺毙在一成不变的柴米油盐中，可这光怪陆离的世界哪有什么不变的东西？在波谲云诡中刻意去维持不变，就好比削足适履、因噎废食，一潭死水又怎能抵住突如其来的阵阵涟漪呢？

就像我们爬山一样，山脚下地势最低，也最稳定。一旦开始攀爬，就会有速度、节奏、体力、适应能力等各种差异，就会产生缓急快慢，而这个时候，如果伴侣不能理解和正视这种差异，很可能就会用维系家庭稳定的托词来“勒索”你。

在变化中，离开还是留下，割舍还是不弃，都会日夜煎熬着你。两方中只要有一个不愿改变，稳定立马就会逼你作茧自缚、画地为牢。而我们苦苦追求的真的是稳定吗？

从上班的第一天就知道退休的样子，不是真的稳定。从上班起，第一天就努力奋斗，修炼出强大的内心、丰富的经验、独到的眼光和优质的行业人脉，才是真的稳定。

同样，一成不变、委曲求全的婚姻也不是真的稳定。敢于表达自己的想法，敢于追求梦想，在彼此的成全和支持下实现双赢的婚姻，才是真的稳定。

茜茜和老公是大学同学，考研时老公去了清华，茜茜落榜只好先去工作当了老师。从同学到恋人，从朝夕相处到天各一方，瞬间打破了最初的稳定。后来茜茜因为工作突出，在第三年的时候被学校选送到北师大读研究生，她老公也毕业了，开始从事自己喜欢的工作。再后来，茜茜教书，他摄影，茜茜学口语，他练书法，他公派去了新加坡，茜茜又出差去了美国。他们在不稳定中一路前行，始终在前方注视和呼唤着对方，在暂时的失衡中持续地输入外部能量，来抵抗任何可能出现的扰动。

孟子在几千年前就说过，生于忧患，死于安乐。安逸是事业和家庭最大的杀手。当我们已知所得为固定值的时候，趋利避害的心理会让大多数人选择减少付出，以求得利益的最大化。就像太稳定的工作会让人坐享其成不思进取，太稳定的婚姻会让人降低标准自我放弃。任何一段关系，如果觉得自己不需要任何努力就可以无限保持下去，那不是什么值得骄傲的事。

在攀爬婚姻和事业这两座高山时，越高越有风险，但越高也越有质量，越有价值。有些危机，守住底线，没什么不好。变化是机遇，动荡是挑战。只求稳定意味着把一切可能都关在了门外，于是梦想、自由、爱情、探索都成了稳定的祭品。

经不起波动的稳定不是真的稳定，生活需要波澜，感情也需要挑战。流水不腐，户枢不蠹，活水带来的是两个人共同面对困难时携手作战，是两个人为了彼此不断地努力进取。我不希望余生的每一天，你我都紧巴巴地躺在婚姻的天平上严阵以待、草木皆兵。我希望的是我们敢于打破稳定，不断挑战自我。因为我需要的是在未来的每一天里，更好的我身边站着的是一个更好的你。

命是弱者的借口，运是强者的谦辞

我们称他为“牛人哥”。

最开始的时候，他只是一个小小的技术员，在一个大学的实验室里默默干了五年。

他的履历表似乎是从中国恢复高考开始计算，他必定很刻苦，也很幸运，所以能够从首届高考中脱颖而出，成为一所著名医学院校断代后的首批医学生。五年后，他又异常幸运地分配到了号称“国家队”的某著名医院当外科大夫。

33 年过去了，同学中有的早已不是医生，有的还在为晋升教授苦苦打拼，而“牛人哥”却已经成为全国知名医院的院长、科学院院士、中华医学会外科学会主任委员、前任亚洲外科学会主席。集医术、学术、管理各大光环集于一身。

他的手术做得很好，甲状腺手术“刀不血刃”，诊治“癌中之王”胰腺癌的造诣在国内无出其右。

他学术很棒，拿遍了国家级的科技奖，当选中国科学院院士，还是全球首次当选英格兰皇家外科学院荣誉院士的两位华人之一。

他的管理很富艺术性，很多管理沉疴都被他或势如破竹，或雷厉风行，或四两拨千斤，或虚怀若谷地一一攻破。在医院这个教授如云的高知聚集地，佩服一个人是很难的。可是提起“牛人哥”，连大专家、大教授们也是一个个地竖大拇指。

有一天，我和一个老护士聊起“牛人哥”，她揭开内幕：“其实啊，当年外科人才济济，他可不是最出色的，比他更优秀的人可多了。”

我立刻肃然起敬。

不出色的都混成这样了，出色的还不得直接获诺贝尔奖啊！

“比他更出色的那几个都是谁啊？”

“你不认识，都出国了。”

“那他们现在呢？”

老护士耸耸肩：“谁知道呢，或许待在哪个实验室，或许早就不当医生了。”

满心惋惜，唯有沉默。

1995 年，正是出国潮最狂热的时候，各个学科都受到了不同程度的冲击，当时的中国医学科学院院长力排众议，破格提拔了一批医生晋升教授，其中赫然就有“牛人哥”。“当年要不是老院长高瞻远瞩，不拘一格选人才，今天就没有这批学科带头人，中国的医疗界还不知道在跟哪个世界对话呢！”一位详熟历史的人这样告诉我。

想到这些，我的脑海中始终回荡着一句话：一个人的命运和梦想是和时代紧密相连的，没有人能跨越他所处的时代。

如果没有 1977 年的高考，“牛人哥”可能还待在某个不知名的角落，当着不知名的技术员。

如果没有九十年代的出国潮，“牛人哥”不会得到破格提拔的机会，虽然也能成功，但或许会晚五年，晚十年……

这不由得让我想起了知乎上很著名的一句话：命是弱者的借口，运是强者的谦辞。

他的成功，其实就在于比别人多了一点点坚持、一点点信念和一点点理想。

这个世界从不拒绝人们靠自己的实力获取所需。

如今的“牛人哥”已走上了发展的高速路，履历表显赫得“闪瞎”人的眼，而我却不时会想起那个小小的技术员。

在那个疯狂的年代，所有的学校都是一片废墟。

他利用这段时间，在生理学方面打下了扎实的基础，也使自己的实干能力和口才得到了很好的锻炼。

当黑色双瞳里闪烁着酒精灯的不灭光芒，是否已经预示了他锋芒毕露的未来？

第五章

青春苦一阵子，
换得甘甜一辈子

苦一阵子，甜一辈子

在现实生活中，每个人都向往美好，但很少有人能如愿。想要一帆风顺，想要一步登天，偏偏老天要与之作对，在你前进的道路上布满陷阱。意志薄弱者，他们遇到坎坷时，便会很快放弃，一边怨天尤人，一边自我安慰。而意志坚定者，他们坚信未来是美好的，哪怕跌倒了也会马上爬起来，笑一笑继续前进。

在人的一生中，有的人会被挫折所打败，而有的人会与挫折做斗争，美国伟大的女作家海伦·凯勒就是后者中的一位。

海伦·凯勒从小就失去了听觉、视力，说话也是含糊不清，世界对她来说是一片黑暗与寂静。就是在这样不公的命运前，她没有放弃，而是凭借着“不向命运屈服”的信念，成了令人敬佩的女作家，而且会说多种语言，并取得了常人都很难取得的成就。

上天不会不给人退路。任何困难，只要有心，就会发现解决的方法。海伦·凯勒之所以能够成功，是因为她的意志坚定，她相信冬天来了，春天也不会太远。她遇到挫折没有放弃，而是勇于面对，最后取得了成功。

没有谁的一生是一帆风顺的，生命只有经过风雨的洗礼才更显美好，我们应该笑对坎坷。就像天空不可能一直蔚蓝，天气不可能一直明媚，总会有阴暗的天空和狂风暴雨的天气。我们的人生也是这样，我们只要有接受冒险和挑战的勇气，经过风雨的摧残仍能够有宽容的胸怀，而后重整自己的心情，才能一步步走向辉煌。

环境对人的影响巨大，舒适的环境只会让人沉迷，只会摧残人的意志，只有经过风雨的洗礼才能成长，就像草木不经霜雪就会根基不固。什么样的环境，造就什么样的人。温室的花朵一旦走出温室，势必会枯萎。

很多人都说："成功需要付出太多的汗水，成功的过程实在是太辛苦了。"他们说的有错吗？不，其实他们说的完全正确，成功并不是一件简单的事情。可是有谁曾经想过，失败是不是更辛苦呢？成功者辛苦一阵子，就能改变命运，从此过上舒适的生活，然而失败者安逸了一阵子，却要辛苦一辈子，一辈子都在艰难中度过。这样说来，是不是失败比成功更辛苦？想要成功的人明白这一点，所以他们才迫不及待地追求成功。

怕苦之人必然会苦一辈子，不怕苦之人只会苦一阵子。因此只有不断地行动，不断地忍受失败、嘲笑、打击，跌倒了咬咬牙爬起来，就会成功。

中国知名导演李安，靠着不懈奋斗，实现了从家庭煮夫到名满华人圈儿的逆袭。李安年轻时名不见经传，当了六年的家庭煮夫，经济困难，几乎山穷水尽，落魄得一塌糊涂。但他经受住了生活的磨难，没有放弃自己的理想，一步步实现了自己的目标，直到1993年他的剧本才获奖，而李安这个名字也被众人知晓，成为举世闻名的导演。

人生的道路就像逆水行舟，不进则退。当你完成某阶段的任务时，下面的任务又会接踵而来，如果不脚踏实地一步一个脚印地继续前行，就会被风浪吹回原点。成功人士与非成功人士的区别就在于努力还是不努力。

现在这个时代，越来越多的年轻人不愿意吃苦，总觉得即使不吃苦也获得一定的成就。但是，你要知道，怕吃苦可能会吃一辈子苦，你付出了多少就会收获多少。如果你不想苦一辈子，就要先苦一阵子，然后才可能甜一辈子。趁着青春还在，趁着还年轻，努力奋斗吧！你所期待的美好未来，需要你自己打造。

别到处诉苦，没人愿意听

[1]

总有些人习惯性地到处诉苦。大学时，我们班的某位女同学性格直爽，做事风风火火的，说起话来总是完全不顾及他人的想法。每次遇见她时，她的开场白经常是“咱们学校快递竟然不能直接送到宿舍楼底下，我还得跑到学校门口自己取，真麻烦”“我之前明明让人帮我在第一排放了书占座位，可还是有人坐了，真是倒霉”之类的吐槽和抱怨。

她似乎一直是这样不停地跟所有人诉苦，似乎所有人都有义务去倾听她的烦恼，好像所有人都有责任为她解决她的苦恼。当然，她每次啰啰唆唆诉了一大堆苦之后，都会轻描淡写地补充一句："不好意思，我今天有点儿烦躁，要是说得多了你可千万别在意。"

有许多人总是仗恃着自己"心情欠佳""心中烦躁"将自己心中的烦躁、苦恼和怨念肆意地宣泄给别人，跟其他人"分享"自己的负面情绪，这种"情绪污染"可以说比直接进行肉体伤害更加可怕与令人厌恶。

在我们的生活中，有许多人都以"我今天心情欠佳"为借口，到处宣泄自己心中的怨念。可是这些人却从未意识到，与他们经历的事情相比，最应该被改变与拯救的其实是这种不断散发负面情绪的心态。而且更要命的是，他们从不在乎这种行为带给别人的负面影响，似乎他们的诉苦给别人带去的负面情绪与他们没有丝毫关系。

听你诉苦的人没有生气也没有向他人诉苦，并不意味着你的诉苦对对方没有负面影响，只不过是对方的修养制止了他们随意发泄自己的负面情绪。对方能够忍受你不断诉苦，可是那些诉苦的人是否想过，你心中的苦闷与他人何干？

[2]

我的父亲年轻时脾气非常暴躁，只要当他下班回到家中时就拉长着脸，我就知道他一会儿肯定要找个由头发一顿脾气。不是嫌弃我妈妈做的饭不合口味，就是嫌弃我的作业写得不尽如人意。而我和我妈妈只能默默忍受他的负面情绪。

随着时间的流逝，我越来越觉得，生气的面庞也许是世上最令人厌烦的样子，而将一腔怒气无端地发泄给别人可能是世上最无情的事情，这比肉体上的伤害令人难受多了。

我对这样的行为十分反感，明明是因为自己的事情产生苦恼和怨念，却对身边的所有人都拉下脸来，好像所有人都应该去安慰他、鼓励他、听他抱怨，其实，这样的行为除了说明他的情商不高外，没有任何意义。

倘若你真的非常难受，你当然可以向周围的亲朋好友诉说，但要记得适可而止，不要肆意诉苦。我们应当学会控制自己的情绪，而不是理直气壮地用这些负面情绪给其他无辜者带去伤害。

[3]

对于“情绪污染”，有人曾说：我们应当尽量少吐露那些负面情绪。亲人听了伤心，友人听了担忧，敌人听了窃喜，自己总沉浸在负面情绪中，更会失去前进的动力。负面情绪犹如口腔溃疡，尽量少触碰它，让它随着时间慢慢康复，不必每天大肆宣扬。

要知道，无论何时“祥林嫂”一类的人都不会得到别人的喜爱。

你反反复复地向别人诉苦，不如安下心来为改变自己的境遇做出努力。难道将你的困境反复宣扬给身边的每个人，你就能从困境中脱身吗？当然不会。大部分人只会拍拍你的肩膀，说一声“我能理解”，而那毫无意义，你得到的也只不过是以理解为名的同情。

倘若无力去收拾残局，就不要任由自己的情绪主宰自己。

除了污染了他人的情绪之外，更可怕也更要命的是，有些人甚至抱着“我不开心别人也别想开心”的思想去做事。

有些人会因为自己内心阴暗的情绪，而不看好、不愿相信别的人和事，甚至还会去破坏别人的美好愿望、浇灭别人的希望。更有甚者，还会以一副清醒者的姿态去批评、教育别人，以此表示自己的见解才是正确、清醒的。

对其他人来说，这已经不止是情绪污染了，还会给对方带来二次伤害。尽量不要让自己的负能量影响其他人，这其实是为人处世的基本礼仪。

因为自己对韩国明星无感甚至厌恶，所以觉得喜欢韩国明星的人不爱国。

因为自己工作没有做好无法升职加薪，所以觉得全公司的人都要为自己的穷困买单。

因为自己是个月光族，所以觉得亲朋好友都应该在接下来的日子接济自己。

你已经不是孩子了，要懂得成熟的意义。不能总是让情绪左右自己的生活，不能总是回顾过去。你要独立生活。

有人曾这样说道：无论早晚，现实生活总能让你知道，不是所有人都会不介意你负面情绪的渲染。你要做的，只是按捺下心中的愤懑与不满，将其化成前进的动力，帮助自己奋勇前行。别总到处诉苦，没有人愿意听。

[4]

在日常生活中，我们偶尔会遇到一些令人气愤的事，但是我们并不能以此为借口去肆无忌惮地宣泄心中的苦闷。倘若我们真的一直逃避它、排斥它，甚至将其当作伤害他人的借口，那么，你就要做好一直无法摆脱负面情绪的准备，因为越是逃避，对方便越会紧随你。

也许，生活可能突然想要考验你，让你的心情莫名产生起伏。但这并不是让你消极、心生怨念的借口，它不会使本就善良的人们放弃对美好的追逐。

无能的人不去认真做事，只会计较那些情绪起伏；才能出众的人不会计较情绪上的波动，只会专注地做好自己的事情。这便是人们为何会有如此大的差距的原因。

因此，如果有人以“我心情欠佳”为由，来肆意向你塞入负能量并浪费你宝贵的时间时，你只要对他说：

“你心中的苦闷与我何干？”

打不倒你的，只会让你变得更强大

我们正处在一个积极向上的社会，人人都在谈着创业、升职、成功……这不得不说是一个可喜的现象，但在可喜的同时，人们又时常透露出几分浮躁：创业、升职和成功仿佛都是唾手可得的东西，每个人都能够一帆风顺地冲到梦想的终点，实现远大的抱负。但是现实总是让多数人碰了壁，因为真正获得成功的往往是少数人，多数人在追梦的路上被陷住，被否定，被抛弃了，那才是生活的常态。有的人能够在经历一次又一次挫折之后走向成功，但有的人难免会向挫折低头，放弃了梦想。

但是，那些“痛苦”真的那么难以忍受，以至于让你放弃吗？你有没有想过，那些曾经的挫折、委屈、难过，终有一天会让你变得更强大呢？

作为一个职场“老油条”，我常听一些朋友抱怨那些需要捧着、哄着，稍微不高兴就会“撂挑子”的职场新人，感触很多。前几天，我妻子的闺密 Stella 来到我家，抱怨起了她刚带的一个“90后”新人，并顺着话头儿谈起了她刚开始工作时的情景。对比这些小年轻，我觉得她当年刚入职场的时候，称得上是一名“忍者”了。

Stella 对我们说，如果让现在的她对 23 岁时的自己说一句话，她会说：

“亲爱的，感谢你的坚持！”

Stella 工作的第一家公司的部门经理是一个 40 多岁的职业女强人，Stella 不是经理面试进公司的，两人第一次见面，经理对她说的第一句话是：“我原来不打算要你，是 BOSS 非要留下你，希望你好好干。”

这个出乎意料的开场白让 Stella 惊呆了，她不知道为什么自己一进公司就遭受如此敌视。经理敌视她，这不是错觉，因为经理每天跟 Stella 说的话都大同小异：“这么简单的事你为什么想不到？”

“还要我跟你说多少次，下次不许再犯!”“不知道 BOSS 看上你什么了。”

这样的日子一过就是三个月，Stella 有好几次晚上回家默默流泪。但是她不想放弃，尽管每天都听着经理的冷言冷语，可她作为一个新人，还是要硬着头皮去向经理请教。遇到经理心情好时，还会比较认真地教她，但多数时候会敷衍几句就把她支走了。

三个月的试用期像三年一样漫长，期满后，经理叫来 Stella，对她说：“要按我的意思，你是无法胜任这个工作的，但是 BOSS 非要留下你，好吧，你通过了。”

Stella 听到她前面那些话的时候，还以为自己被“开”了，听到自己通过了，反而让她一下子不知如何是好了。她跟老板没有什么交流，不明白为什么老板会一直替她说话。现在试用期通过了，她有了一种喜忧参半的心情：喜的是自己得到了一份还不错的工作，忧的是一想到以后都要跟这样的领导相处，她不知道自己会不会精神崩溃。

半年之后，Stella 渐渐适应工作了，经理对她的抱怨和指责也渐渐少了一些，她开始庆幸终于要摆脱无休止的指责时，经理离职了。听到这个消息，Stella 很庆幸，但又有一丝惋惜，毕竟自己还是从经理那里学了不少东西。一直到经理离开，Stella 都不知道她为什么那么讨厌自己。

那个经理走后，Stella 并没有“解脱”，因为她遇到了楠姐。楠姐有什么可怕的？这么说吧，楠姐的拿手好戏就是骂哭公司的大男生，而且在骂哭人家之后她还会一脸无辜地说：“我说什么了？你为什么要哭呢?”

公司其他部门都在关注着一件事，那就是楠姐调到 Stella 所在的部门后，会将多少人骂走。事实上，被她骂走的还真不少，但是 Stella 却留下来了，或许是第一个经理每天的密集“轰炸”让 Stella 有了“抗性”吧，她一边忍受着楠姐各种各样的指责，一边改进自己大大小小的缺点。楠姐骂她最多的是：“你怎么总是慢半拍呢？什么东西你都要提前学一下，这样才不会落到别人后面。”Stella 想，这可能就是上一个经理讨厌自己的原因吧，但是上个经理只顾着指责她，却不指出来。楠姐却不一样，楠姐会一边骂她，一边教她。于是，Stella 成了楠姐的助理，后来还跟着楠姐一起去创业了。

Stella 又开始说起她的楠姐了。这也难怪，楠姐是她的职场榜样，我们也想知道这位女强人更多的事情。Stella 说楠姐是海归，而且家庭条件也是比较优越的。Stella 跟随楠姐创业之后，有一次需要帮客户做一个新产品开发的项目，需要考察一下三四线城市最需要的手机型号。楠姐说："我们坐在北京干想，永远体会不到目标用户的真正需求。"于是她让 Stella 订了到北方一个四线城市的高铁票，两人几乎逛遍了那个城市所有的手机卖场，除了跟店里的卖家聊天儿之外，她们还根据卖场留下的客户资料，以手机厂商代表的身份到消费者家中做入户访问，观察各个年龄段的人对手机功能的需求。

有一个被访者回答了几句之后开始不耐烦了，于是找借口说："我必须陪孩子玩儿了，他哭起来可不是闹着玩儿的。"

楠姐马上对她说："我可以帮您看着孩子，请您继续接受我们的访问吧。"于是，楠姐开始忙前忙后地照顾那个调皮的两岁小朋友，Stella 则继续采访。

这件事让 Stella 很受触动：楠姐是一个富家千金，又自己当了老板，但是为了工作，她从来不介意做任何琐碎的事。

说到这里，Stella 停了一会儿，我问她："看来，这个楠姐真是一个不错的领导啊。”

Stella 想到了什么，像是一下子被击垮了一样，夸张地倒在了妻子的身上，然后带着苦笑回答我：“怎么说呢，她是一个很有能力的领导，但同时又是一个特别会‘吹毛求疵’的人，公司的项目管理、分析报告、主持或演讲等本来该我全权负责的事，她都会细细地看，找我的每一个漏洞，跟我聊每一个细节，很多时候我都快被她逼得崩溃了。如果不是看在楠姐对她自己更狠的分儿上，我恐怕真的忍不下去了。”

妻子问：“那你讨厌她吗？”

Stella 摇摇头：“恰恰相反，我很感激她。当然，我也曾经无数次埋怨她的追求完美、脾气火暴，但她却加速了我的成长。”

Stella 对我和妻子说：“第一个经理和楠姐，逼得我几次想离开公司，但是我忍了下来，我很感谢那时候的自己。”

对于 Stella 的故事，妻子深表赞同，并给我们讲了一段她当销售的经历。她笑着对 Stella 说：“你要是忍者，那我也算是忍者神龟了。听说过那句话吗？客户虐我千百遍，我待客户如初恋。”我和 Stella 拍拍手，深表赞同。

那是在妻子大学毕业后的头几年，她出于“锻炼锻炼”这个天真的理由，应聘了一个电话销售的职务，负责卖行业报告。有一位老板比较器重的同事，任务是联系热线和有需求的客户名单，她和另外两个新来的小伙伴儿负责给从其他渠道搜集来的名单打电话。做过电话销售的人大概都知道这其中有多大的差别。

妻子每天打上百个电话，对方多半是听个开头，说一句“我在忙”就挂掉了，偶尔还会碰到一些脾气大的斥责她不要骚扰他们，不过一般人还是温和地听她说完，然后拒绝。第一个月很快过去了，她一单都没有卖出去，拿到的基本工资可以忽略不计，完全是靠积蓄生活。第二个月，她卖出去几单，但这也是杯水车薪。开季度会时，她躲在角落里低着头，眼泪在眼眶里打转儿。销售工作一如人生，看中的只有结果。

过了一阵子，妻子被派去和一个女同事一起到一个展会里收集名片。她们手持一摞名片，去找参展的人交换，很多人都找借口不给她们，即使他们手中就拿着名片。中午时，妻子手捧着盒饭坐在会展中心墙边的椅子上吃着，眼泪不知不觉流了出来。她被拒绝和否定太多次了，开始质疑自己的能力。

那次之后，妻子萌生了去意，但不甘心由于业绩不达标而黯然退场，于是她对自己打过的每一个电话进行记录和分析，一步步提高与客户交流的技巧。她曾经听一个同行说："我们打的不是电话，是梦想。"妻子被触动了，但是她想到的不是梦想，而仅仅是争口气。后来，她终于做成了一些大单。虽然之后她离开了这个行业，但这份经历却给她留下了宝贵的财富。

闲聊结束了，我通过两位女士的经历想到了自己：我这些年收获了什么呢？可能最大的收获就是脸皮越来越"厚"了吧。

相信很多三十来岁的人跟我一样，毕业十多年了，最"风光"的还是在学校的那段时间。那时被老师宠着，跟同学们关系都不错。但是一旦开始工作，就会发觉自己完全是在被打击的道路上一路狂奔：为什么会将这么无趣的工作安排给我？为什么没有人关心我说什么了？为什么领导总是批评我？很多人的一颗玻璃心被社会砸成了渣儿。久而久之，我们连顾影自怜的想法都没有了，完全变得逆来顺受。

但是，真的是别人在故意打击你吗？仔细想想，完全不是这样吧！多数人的痛苦根源，恰恰是太看重自己，太自以为是了。人人都在为了生活奔忙，为什么要将目光长时间倾注在你的身上呢？你如果将工作做得完美无缺，谁会顾得上打击你呢？尤其是在北京之类的国际化大城市，在陌生人眼里，一个普通人和窗外的一只麻雀没有太大的区别。因此，生活中之所以有那么多挫折，其实大多数不是由于别人的故意针对，只不过是生活对你的历练。迎难而上、突破自己才是应对挫折的最佳状态。

真正的纯真，是遭到别人冷眼相待之后，依然善待这个世界；真正的乐观，是不会被生活中的挫折打倒，而是变得更加强大。

可以哭，但绝不认输

挫折，人一生中必然会经历的东西。也许你会因此而失去什么，也许你会因此而哭泣，但哭过之后，请重整旗鼓再次上路，因为如果我们因一时的挫折而丢盔弃甲，那么我们一生都会心存不甘。

也许现在的你平凡而渺小，但不必失落哀伤，只管一直朝着心中的目标攀登。总有一天回过头，望着自己曾走过的路，你会发现，自己已经站在比心目中的目标更高的位置。

我的一个大学同学小青，毕业后没有像大多数人一样选择考研、考公务员、进大公司工作，而是干起了和本专业八竿子打不着的销售行业。不过她的理由相当充分：她认为销售是一个需要与客户频繁打交道的工作，而自己喜欢与外界多交流，还可以不断更新思想和开拓眼界；干销售很锻炼个人能力，也很考验综合能力；她上学时听过一句话说："80%的 CEO 都是销售或财务出身。"说明销售这行还是很有前途的；销售的薪资与能力和业绩匹配，一成不变地拿死工资太无趣，有挑战才有动力。

于是小青拖着沉重的行李箱，在北京租了一间阴暗狭小的地下室。在炎热的夏天，顶着烈日到各个公司面试，最终她被一家知名的医疗器械公司录用。不过她需要从底层干起，拿着只够维持生计的薪水。这些小青都欣然接受了，因为她认为起点低才能跳得更高，并坚信只要自己脚踏实地、埋头苦干，肯定能闯出一番事业。不过现实是残酷的，它总喜欢在你激情满满、斗志昂扬的时候，朝你泼一盆冷水。

由于小青刚踏出大学校门，又是个跨专业的新手，对很多业务方面的技巧并不了解，出了不少错误，刚进公司不到一周，就被劈头盖脸地骂了三次。多少委屈无处诉说，却只能拼命往肚子里咽，只有下班回到住处，才能蒙在被子里痛哭一场，将压力释放出去。小青也想过要放弃，但是强烈的好胜心让她打消了这个念头，她不相信别人能做到的事，自己就只能颓然地放弃。她在心里默默为自己打气，告诉自己绝不能轻易认输。

于是第二天，小青依然情绪高涨地面对工作和每一位客户。工作中，她向有经验的销售人员细心学习，不断请教，摸索销售技巧。工作之余，她静下心来反思自己，寻找工作的不足并加以改善。渐渐地，她抓住了消费者的心理，销售额也随之上升。每当有了好的想法和灵感，就运用到实践当中。为了提高自己的工作技能和沟通技巧，她自掏腰包申请到其他销售区域观摩学习……经过一段时间的成长，小青再也不惧怕客户的刁难与冷脸，终于修炼成了更好的自己。

后来一个偶然的机会，她接待了一个特殊的客户，客户说对他们的产品并不了解，想要先了解了解情况，于是小青热情地向这位客户全方位介绍了产品信息。可听完之后，客户并没有立马决定购买产品，而是提出了先试用后购买的要求，这下小青犯了难，公司有明文规定：客户必须先交钱，公司才能交货。

小青犹豫再三，最终做了一个大胆的决定：自己掏腰包买一份产品交给了客户。这一举动，让她赌上了全部的积蓄。一旦客户出尔反尔，死不认账，那就意味着她将变得一无所有。但她转念又想，如果客户试用满意，那么很有可能为公司带来很大的利益。

小青将产品交给客户的时候，还向其说明公司有规定是先付款后交货的，但是她相信公司的产品足够让客户满意和放心，于是自费让客户试用。如果试用后认为产品不错，还请将费用汇款给她。

小青的同事看到她这一行为，都认为小青这次是当了一回冤大头。但接下来的发展出乎了所有人的意料，三天后，客户便向小青的公司下了大订单。客户对她说，第一次受她接待的时候就已经被她良好的服务态度以及专业的医学知识所打动，再到后来发现她竟然敢用自己的钱给顾客“买单”，这更让自己深深感受到了她的真诚。所以，第二天就决定与他们公司长期合作。不仅如此，这位客户还将他们公司的产品推荐给了自己的朋友和商业伙伴。这为小青的公司带来了源源不断的订单，更是让小青多次获得了公司的销售冠军。两年不到，小青就成了这家公司的销售主管，月薪更是翻了好几番。

小青恍然大悟，原来在销售产品的时候，客户先看重的是你这个人是否值得信任，再考虑产品的价值。而正是因为小青当初的不认输，后来又不断积累经验，不断自我成长，才有机会赢得这位大客户的信任，才有了接下来的收获。

小青的故事常常被我当成范本，来勉励很多对未来感到迷茫、想要放弃的年轻人。

她的亲身经历清楚地告诉我们，迈向成功的过程注定要伴随着艰辛与苦痛，在这些时刻，我们会打退堂鼓，会想要逃避。但也要牢记我们心中的目标，它是我们咬牙坚持、绝不认输的动力。回过神后，打好十二分的精神继续向前，多年后，当我们再次回首来时的路时，虽然艰辛与苦痛还历历在目，但是那已经成为我们的资本，就是那些成就了现在优秀的自己。

只要不认输，我们就能够看到希望的曙光。

咬牙坚持，你会看到不一样的自己

每次毕业季来临之前，就会有很多人找我谈话，与其说是谈话，不如说是吐槽。有吐槽自己单位不好，老板苛待员工的；有说公司同事不好的；也有一些已经找到工作了的，问我怎么样才能找到更好的单位。

每次我都会告诉他们，公司、领导或者同事都没有绝对的好或坏，都有自己好的一面和差的一面，不要总想着放弃而去寻求自认为更好的公司，我们需要做的就是正确看待这些好和坏，努力让身边的资源成为自己前进的助力。

我步入社会已经有些年头儿了，之前也从事过几份工作，去过几家公司。当然，有大公司也有小公司；有公司氛围良好的，也有公司环境糟糕的；有很关心下属的领导，也有漠不关心的领导；有阿谀逢迎的同事，也有默默无闻的同事。可以说那几年的经历，加深了我对社会的理解，让我渐渐变得成熟。

我的一个学弟慕辰最近向我吐露了他的经历。慕辰刚刚毕业的时候，也像大多数人一样，期待遇到一个好公司，公司有善解人意的好领导、乐于助人的好同事。但后来却发现，这样的公司似乎只存在于想象之中，反而是遇到了不少糟糕的公司。

慕辰告诉我，他曾经有幸还真遇到过一个还算不错的公司，领导比较开明，公司的工作效率非常高，休息的时候，整个公司内洋溢着欢声笑语。那个时候的慕辰以为这样的局面会一直持续下去，但没过多久，公司中层领导变动，新来的领导和先前的领导在处理问题上有着完全不同的风格，因此经常产生摩擦，他们各自为政，谁也不干涉谁。这就导致公司下面的员工也开始分帮结派，两派之间互相看不顺眼，整个公司的氛围变得格外差。有不适应这样环境的人离开了公司，而我的学弟慕辰是一位不怕吃苦、不怕打击的人，他咬牙坚持着。

即使工作不容易，慕辰也没有抱怨太多，那个时候加班是很常见的事，为了生活，他继续坚持着。他知道，需要谋生的人太多了，这份工作，你不做照样有人做，这个世界上最不缺的就是能够随时替代他的人。

他时常告诉自己，现在的苦，现在的累，都是积累经验的过程，总有一天他会为自己曾经的努力和苦痛而感到庆幸。事实也确实是这样，在那段时间，慕辰成长很快，他懂得了吃苦耐劳、任劳任怨的珍贵，他学会了察言观色，学会了更好地与他人交流。经过那段日子的历练，他的能力也得到了很大的提高，他顺利地找到了更好的公司。现如今他时常感谢那段艰苦的时光，如果没有那段日子的历练，他也许很难改变自己，很难再遇到更好的工作单位。

很多时候，我们需要转换自己看待问题的角度。年轻的时候，我们总是觉得良好的公司环境才能促进一个人成长，才能给人提供非常优越的成长平台。但是长大后却渐渐发现，职场里不是每个地方都是一片沃土，当我们在贫瘠的土地上生根发芽并开花结果的话，就更能证明我们的能力。即使是在糟糕的工作环境中，也要学会顽强地与之做斗争，不自我抱怨，不怨天尤人，坚定自己的信心，咬牙坚持，始终坚信生活有多无奈，我们就有多坚韧；环境有多恶劣，我们就有多顽强。只有这样，才能在未来的某一天，看到不一样的自己。

第六章

拒绝拖延，奋斗的青春从现在开始

想做就去做，何必等以后

我常常奉劝朋友说，别总是谈以后，“以后”都是由一个个“现在”组成的。做不好现在，侈谈以后是毫无意义的。想做什么事，不要总是留到以后，现在就开始吧！

小时候家庭条件比较差，当我心仪某个玩具时，妈妈都会用这句话哄我：“以后一定给你买。”说得多了，我已经知道这是她的借口，那些玩具在我眼中变得越来越好玩儿，也越来越遥远。幻想着永远无法拥有某个心爱的玩具时，我甚至会不甘地落下泪来。在长大之后的某一天，我再次看到了一件童年时朝思暮想却被妈妈用那句“以后一定给你买”糊弄过去的玩具。想想当时内心的渴望，竟然觉得可笑了，很无语地自问：我竟然还喜欢过那种东西？

何止是玩具呢？在某个年龄、某个阶段甚至某种心情下，你热切渴望的东西也许转眼之间就变得不再重要。这无关专注，更无关坚持，不过是时间和空间的变换让有些东西在你的心中已不再拥有重要的位置了。一部好看的电影，我们会告诉自己以后再去看吧；听说哪里有好吃的东西，我们又告诉自己有时间去吃吧；一个向往的地方，我们会劝自己时间充裕了再去玩儿吧……可是，有太多“以后”都是敌不过时光的力量，有太多的契机让它们成了永远的以后。

相信很多人在小时候都想过，长大以后要用加倍的爱来回报父母。可是当你长大了，父母依然会用各种方式来呵护你。你的回报呢？与其劝自己“挣更多的钱就可以回报他们了”，不如常常回家和父母待一待，那不仅是对父母的回报，也是让你重燃斗志的好方法。

很多人都听过“寒号鸟”的故事，那只滑稽的寒号鸟身上是不是有很多人的影子？喜鹊好心劝它趁着天气暖和赶紧搭窝，寒号鸟推辞道：“天气正好，适合睡觉，明天再搭吧。”晚上寒风吹来，寒号鸟在寒风中哆嗦着唱道：“寒风冻死我，明天就搭窝。”第二天又是大太阳，它又开始懒惰起来。下场很明显，这只寒号鸟就这样在寒冬中被活活冻死了。

一些拖延成性的人总是认为自己的时间还很多，总是无休止地拖延下去，“明天开始”是他们的口头禅。他们害怕辛苦，害怕失败，害怕遭到批评，虽然有着各种各样的计划，但一个都不去实施。他们的拖延或许是出于完美主义，信奉着“要么不做，要么第一”的做事原则，并期待着能够一步登天，但是真的做起事来又一曝十寒，等到失败后再充满悔意地自我责备和惩罚。可是，他们又往往很脆弱，无法承受一而再、再而三的挫折，最终沦为“得过且过”之辈，像寒号鸟一样在寒冬里不时发出抱怨的哀号。

你是否是寒号鸟一样的人呢？

工作日的早晨，你觉得起床对你来说太困难了，四次闹钟之后你才不情不愿地起床，到公司的时候已经迟到20分钟了。

你的洗衣机里塞满了你的脏衣服，但迟迟不愿意开始洗。

你知道你的一些恶习对身体有很大的害处，例如抽烟、喝酒、熬夜，但就是下不了决心改掉，你这样安慰自己：“我要是愿意，短期内就可以戒掉。”

每当接到新的工作，你都会感到身心疲惫，常常觉得有可能做不完，或是今天太累了，不如明天早上精神好了再做。

你想做点儿体力活儿，例如，打扫一次房间，擦一下柜子，清理清理门窗等，但却迟迟没有行动，你可以找到各种各样的借口不行动，诸如，工作繁忙，今天太累，喜欢的电视节目快要开始了，等等。

你曾经由于害羞、自卑等原因迟迟不敢表白，直到心仪的女子成了别人的妻子才追悔莫及，这样的事情还不止一次地发生。

你想这一生都住在一个地方。你懒得搬走的原因是适应新的环境总是让你头疼、发愁。

你的健身计划制订了一次又一次，虽然花样翻新，但要么坚持两天之后就放弃了，要么根本就没有开始。当然了，新的计划还在筹划中，“我要跑步了，从下周一开始”。

你答应带孩子去科技馆玩儿，一个月过去了，你终究没有履行诺言，孩子的埋怨你毫不在意。

看到朋友在海边旅行的照片，你艳羡不已，也想着带家人去一次，但是一到节假日就只想窝在家里玩儿游戏、看电影……

经常拖延的人，把“或许”“希望”“但愿”当作心理支撑，殊不知，这些在成功者的眼中都不过是浪费时间的借口而已。“我希望问题会得到解决”“但愿情况会好一些”“或许明天会比较顺利”……但是，你不去主动争取、不付诸努力的话，情况真的会自动好转吗？很多时候你不过是在为逃避痛苦而寻找借口罢了。你不断欺骗自己，不断煞费苦心地去找各种拖延的理由，却忘了生命是有限的，在各种各样的拖延中，时间就白白溜走了。

每个人出生就持有一张单程的车票，生命这趟列车一旦开动，就再也没有返回的可能了。为什么还要拖延时间，浪费这宝贵而短暂的一生呢？现在的你，不要总想着以后怎样怎样了，想做的就抓紧时间拼命去做吧。

明日复明日，万事成蹉跎

我们常常觉得，反正今天完不成，还有明天。那么如果明天就是世界末日，哪儿来的明天？如果明天我们就不存在了，今天的事情就不可能留到明天去做。如果我们真的留到明天了，那就只能由别人来做，跟我们没有什么关系了。

我身边有很多朋友都在抱怨说，北京的生活节奏太快了，压力又大，每天忙得像个陀螺一样，还要经常加班。像北京这样的一线城市，高楼林立，车水马龙，看似生活节奏很快，但事实上，我们又有多少人不是在公司里混日子呢？坐在自己的小格子里，忙这忙那，噼里啪啦地敲击键盘，又有多少时间是在忙工作呢？我们为什么会压力大？因为我们在不成功的状态，却又偏偏渴望成功。我们没钱、没车、没房、没老婆，不压力大才怪呢！有一种人，他们懒得伸手摘葡萄，却又渴望吃到葡萄，这不仅仅是一种压力，更是一种煎熬。

有的朋友又说经常要加班，所以感觉压力很大。各位同仁，你有没有想过，你为什么会加班？如果你能在工作时间内把一天中规定的任务出色地完成，老板就不可能要求你加班。如果你真的做到了，你的上级还要求你加班，我想不用你开口，老板自己就会给你加班费的。当然如果你的老板另有苦衷，你也可以找他单独谈谈。当你走到他面前，告诉他你在工作时间已经很努力并且表现得很优秀了，于是你不想加班了，加班也可以，但要给加班费。相信你的老板会给你加薪的，因为他从人群中发现了你，你是个优秀的、高效率的员工。每一个老板都喜欢你这样的人，他们做梦都想得到你这样的人才。记住，前提是你一定是那么做的。如果你只是耍嘴皮子，小心吃不了兜着走。

当然，如果你从来没有问过自己："假如今天是我生命中的最后一天，我该做什么？"只有在你每天拎起公文包，或者打开电脑的那一刻，这样问一问自己，你才能感受到年轻人应当具有的生命危机感和对时间的紧迫感。

看看我们都做了什么：动不动就请假，只为了能在家里睡一个懒觉；动不动就辞职，然后背着包灰头土脸地到处游荡；很轻易地就把今天的工作推到了明天、后天甚至是大后天；你懒得再去学习更多的东西，因为你觉得以后有的是时间。我们以为自己还年轻，事实上，当我们从大学校园里走出来的那一天起，就已经不再是小孩子了。

从学校毕业后，我们最大的任务不是找对象，而是找到一份可以为之奋斗的工作。从我们二三十岁开始工作，到我们五六十岁时退休。这看似是个漫长的过程，但有心的人已经算出来了，没有多少日子了。

美国第16任总统林肯曾经说过一句话："在这个世界上，有多半的人可以决定自己能有多快乐。"同样的道理，在我看来，在这个世界上有多半的人可以决定自己有多成功，只要我们肯为之去努力、去奋斗。不管你的理想是想进世界500强，还是想有一天能登上世界富豪排行榜，这所有的理想都必须从今天做起，从现在做起。拿出一种跟自己过不去的精神，告诉自己，也许今天就是生命中的最后一天，你才能一步步地向着成功迈进。否则，你就永远只是那个拖拖拉拉，被别人拿鞭子赶着走的被动员工。但我相信没有人愿意体验被抽的感觉！

那些成功的人总是告诫我们，昨天已经过去，未来还不确定，唯一能把握的就是今天。

而对于每一位员工来说，要想在你所在的企业做出成绩，让你的老板赏识你、发现你，最好的办法就是安排好你的每一天，把每一天当成生命中的最后一天。最有效、最基础的工作是，学会有效地管理你的时间。

当你迎着早晨的太阳，坐到电脑前的第一件事，就是规划你的时间。用10分钟的时间，把最急的任务、比较急的任务和不急的任务分别列出来，然后按部就班、心无旁骛地完成当日的任务。

如果之前的你不够努力，不懂珍惜时间，请从现在做起。努力不怕晚，怕的是我们从来都没有努力工作的意识。相信不久的将来，我们会成为老板眼中那颗耀眼的红星。他一看见你，就会两眼放光……

做事拖拉是很多人的毛病。“明日复明日，明日何其多”，因为年轻，时间多多，岁月多多，对拖拉也就不以为意。克服“拖延症”，轻松地工作，愉快地生活。要提高工作效率，干出一番事业，就要尽早克服拖拉的习惯。最好每天早上问问自己：“我面临的最大问题是什么？今天打算把它解决到什么程度？该做哪些事情？”克服了拖拉的习惯，你就会跑在时间的前头……

立即行动，现在就是最好的开始

很多人把拖延症挂在嘴边，做任何事情都是千难万难，不愿多动一下，多行一步，明知一直拖着会产生不好的影响，仍要把计划好的事情一再拖延。拖延的结果是自己焦虑自责，事后后悔不已，有时会因为拖延导致行动的失败。

高中时候有个同学，模样英俊，成绩良好，我觉得大众眼中的完美男神大概就是这样吧。

高三时候，“男神”成了我的同桌，以其讨人喜爱的性格，让我更加喜欢他。但是，人终究是人，不是屹立不倒的神。在我们相熟以后，“男神”暴露了一个缺点，就是懒，用他自己的话来说就是拖延症。

“男神”喜欢赖床，早上起床永远是最后一个，等到寝室人走光了，才飞快起身整理自己，连床铺也顾不得收拾就奔往教室，然后在众人的目光中走向自己的座位。

“男神”总说自己是起床困难户，我觉得身为同桌就应该帮他一把，于是自告奋勇想要每天早上叫他起床。很快我就发现自己错了，如果一个人打心底里不想起床，没有人可以把他叫醒。每天早上，他依旧是等到快迟到了才匆匆起床，床铺的卫生依旧是一团糟。

无奈，“男神”样貌出众，随便一收拾就光彩照人，但是，他已经不可避免地从我心中的神坛跌落。

即使知道我在等他，他也无法说服自己迅速起床。刚开始叫他起床，因为不好意思让我久等，我一来他就立刻起床，随着我俩的熟识，他起床的时间也在一点一点变晚，直到最后竟和他自己起床时差不多。

后来，我放弃了做他的闹铃，因为我对他的耐心会在这样的境况中被磨完，最后会破坏两人之间的关系。

高三是学生时代较为关键的一个时期，有的人在这期间奋起直追，有的人在这期间自暴自弃。“男神”很聪明，也很有自己的想法，但就是太过聪明，太会权衡利弊，太会心疼自己，所以一直惯着自己，让自己的成绩在一步步的拖延中被拉了下来。错题等一会儿再看，书等一会儿再背，作业等一会儿再写，等他意识到自己的问题，想要改正，却觉得一切已经太晚了，于是继续以前拖延的生活。

殊不知，两个月的时间，对于基础还算不错的他来说，已经足够用了。

高考成绩出来，他以一分之差与自己理想的学校失之交臂，此时才开始后悔，如果当初的自己多背一个知识点，也不会发生这样的情况。

起床，写作业，收拾东西，不管是在哪一方面，不到最后期限，他永远没有完成的动力，永远有理由让自己心安理得地躺在床上，拖延症也就理所当然地成了他的“顽疾”，也成了他行动的巨大阻碍。

拖延症大多时候只是人的惰性在作祟。人们习惯做任何事情时往后拖一步，明知自己不得不做，还是忍不住一拖再拖，享受最后几分钟的安逸，最后往往导致人们行动的失败。

我也是一个十分厌恶早起的人，珍惜清早在被窝儿中的每一分钟，每次起床都要经过激烈的思想斗争，为自己寻找各种理由让自己再睡一会儿。

高三的暑假，为了向爸爸证明自己是一个说干就干的人，也为了减掉我身上的赘肉，我每天勉强自己六点钟起床锻炼身体，毕竟牛皮已经吹下了，做不到会很尴尬。

爸爸健身已经有两年了，他是为了保持身体健康。因为长期在外与人应酬，饮食习惯极不合理，将身体吃坏了，“三高”使他清醒了过来，让他开始珍惜自己的健康，从此开始锻炼身体，“三高”在他的不懈坚持下得到了改善。

高考之后，爸爸希望我有一个好的身体去为自己拼一把，就鼓励我每日起床与他一起跑步，我告诉他：“我在学校每天六点钟左右起床，生物钟很准。”

爸爸一听乐了，说：“那行，这个暑假你起早了叫我，我起早了叫你。”

我嘴上说着好，转身就设了闹钟，防止自己起不来，爸爸雷打不动地每日叫我起床，我不敢有丝毫怨言地和他跑步。

一个暑假不到，我就在每日的坚持下习惯了早晨的跑步，体重一天天地下降，更是让我对跑步充满了好感。

从此，一有时间我就穿上运动服开始跑步，身体素质也在慢慢转好，大学四年我感冒咳嗽的次数寥寥无几。

想要从拖延的困境中走出来，最重要的就是不给自己偷懒的借口，闹钟响了以后拖延五分钟，一个五分钟可能不算什么，但是一个五分钟之后还有下一个五分钟，这一系列五分钟之后，迎接我们的就只剩下了迟到。

有的人说，自己想利用每天的业余时间写书，每天三千字，一年以后就有几十万的文字量了，但是在计划开始以后，由于今天要和朋友出去玩儿，第二天工作太累，第三天要加班，一日一日地拖着，最后，身边的人日更一万，开始有了自己的收入，但自己构思的新书却还没有开始动笔。

万事开头难。当你忙着思考以后，想着面面俱到，只要没有开始第一步，就永远比别人慢一步，因此，当你意识到自己需要行动的时候，一定要立刻开始，时间不等人，不行动就只能空叹“岁月催人老”。

人们总是有各种各样的担心，觉得自己现在开始做一件事情太晚，还有些人觉得，即使自己现在开始行动了也并没有什么意义，在这种消极想法的影响下，只配与失败为伍。

行动在任何时候都是不晚的，有的人三十岁才开始学跳舞，有人四十多岁才开始考公务员，有人五十多岁才开始学英语，他们因为想去做，就坚定地去做了，而且获得了成功，一直在担心开始太晚的人，就只配坐在一旁艳羡别人精彩的人生。

当我们面临现实的境况时，我们除了接受现实之外，就只剩下一条路，那就是行动。不行动，迎接自己的就只剩下失败。

因此，无论身处何种境地，无论多大年纪，当你想做一件事的时候，就放心大胆地去做，行动永远不会晚，现在就是最好的开始。

放过一时，放过一世

曾经有个作者来问我："老师，我很想发表文章，可就是下不了笔，怎么办？"我说："为什么下不了笔？是不是因为没有构思好，你写大纲了吗？"

她发过来一个文件，跟我说："我早就拟好了大纲，谋划了很久，已经发给几个编辑和作者看了，都引起了他们的共鸣。"

我看了这个大纲，是关于思维误区的，有几个点写得还不错。于是我就鼓励她："写得不错，你按照这个大纲写下去，应该可以发表。"她说了几句感谢的话，称以后有机会合作，就下线了。

我也没多想，因为总是有一些作者来套话儿，询问合作的可能性。对于这些人，我向来都是以鼓励为主，毕竟码字也不容易。尤其是这个女孩子，我还挺看好她的，人很聪明，在作者群里很活跃，经常跟别人讨论一些写作计划与技巧，善于把握读者的阅读心理，属于编辑们喜欢的那类作者。后来等了很久也没见她有动静，渐渐地，我就忘了这回事。

有一次，在一个群里看见她跟别人聊写作计划，看她那激情满满的样子，我忍不住问她："上次说的那个写作计划怎么样了？我还等着看你的文章呢。"她不好意思地说："哎呀，不好意思，最近工作比较忙，经常加班，所以那个写作计划只能推迟了。"

这句话让我想起了网上的一篇帖子，讲作者如何应对催稿，也提到了一些奇葩的拖稿理由，比如有个作者说最近在坐月子，没法写，后来负责的编辑才知道，这个作者是男的。

所以，我直接回她："那你可以晚上写，或者周末。"她说："晚上回家要做晚饭，忙完就很晚了。周末需要大扫除，更没时间。"

我每说一句话，她总有解释的理由。我说："其实也花不了多少时间，你每天抽时间写一点儿，一开始不管写得好坏，都要坚持下去。14 天后，写作的习惯就形成了。"过了一会儿，她回了一句："道理都懂，可我是重度拖延症患者……"话聊到这个份儿上就无话可聊了。

后来我跟一位摄影老师聊天儿，恰巧他也认识这个作者。说起她的拖延症，摄影老师说："之前我们在一个摄影圈里混的时候，有摄影老师向她约稿，她拖了人家两年都没交稿，私下里却总是跟我们讲她的拍摄计划。后来大家都知道了，再也没有人向她约稿了。"

我有些好奇："既然这是她的爱好，为什么却坚持不下来呢？"摄影老师说："可能怕麻烦吧，她选择那么多，随便做点儿什么也能挣个小钱儿养活自己，肯定不愿意吃苦受罪。"

"那她为什么还喜欢到处跟别人讲她的写作计划呢？"这点我一直没想明白。

"说给自己听的呗。"摄影老师一语道破天机。

我这才明白，她每次拖延的理由，不是说给我听的，是说给她自己听的。每次遇到困难的时候，她总是选择容易的应对方式。然而她又知道这样做不对，于是找一些借口来宽慰自己。

她人聪明，选择又多，每次困难到来之际，她总能嗅到一丝味道，提前做好准备，每次都能趋利避害，做出最让自己舒服的那个决策。

然而，她的这些行为看起来是智商高的表现，实际上只是小聪明。看起来每次都让自己化险为夷，却也等于让自己避开了那些突破自我的机会。看起来选择很多，实际上只能维持自己低水平的生活，迟早会面临没得选的那一天。短期内是舒服了，长期必然害了自己。

这件事让我想到了一个朋友。他说现在年纪大了，就学会了偷懒。能用70%的力气把事情做到及格，他就绝不会用100%的力气把事情做到完美。

我说："如果不逼自己一把，你永远不知道能走多远。"

朋友哈哈一笑，说："你别给我'灌鸡汤'了，道理我懂，可我就是走不出自己的舒适区。每当我想要再拼一把的时候，内心就会出现另一种声音对我说：'别拼了，你已经拼了半辈子了，做好手里的事，也能生活得不错。'"他顿了顿，接着说："这时候我就有点儿犹豫，往往选择等等看。结果一等，不是机会错过了，就是自己没勇气了。"

我无奈地对他说："你总是太容易放过自己。"

年轻的时候，总以为来日方长，现在偷个懒也没什么，舍不得让自己受苦。不愿意多花时间让工作尽善尽美，觉得早起跑步太难，总想睡个懒觉；觉得看书枯燥无味，耐不住这份寂寞，还不如玩两盘游戏来得爽快。每次做选择的时候，还以为只是个稀松平常的日子，殊不知，这就是你站在命运三岔路口的那一天。

放过自己很容易，让生活放过你却很难。

愿你我共勉之。

时间远比我们所想的短暂

大学毕业的那个六月，同班的一个姑娘说，大学最遗憾的事情，就是没有男生骑着单车在宿舍楼下等她。曾经以为大学四年很长，长到可以被各式各样的男生在楼下等，长到那些小情小爱足够走到地老天荒。然而，转眼之间，大学四年就过去了，这些竟都未曾实现。

一个读者和我说，他想去国外工作，可是大学四年的时间都已经浪费了，什么准备也没做，本专业没学懂，英文说不好，现在还来得及吗，该怎么办？

和一个90后的师弟吃饭。他说："师哥，我发现研究生读完竟然都二十几岁了，还要找工作，还要结婚，还要生孩子……"

我们曾经都以为二十几岁是很长很长的，长到好像永远都不会过去一样。或者说，至少二十几岁，和我们生命中任何一个十年一样，它至少有整整十年。而十年，在年轻的我们看来，是一段特别长的日子。

但残酷的现实却和我们想的并不一样。对于大多数的我们来说，二十几岁就好像只有三年。一年在大学里无所事事，睡着懒觉逃着课；第二年在茫然中惊醒，海投简历，租房子，赶地铁；第三年做着不喜欢的工作，待在不喜欢的城市，在七大姑八大姨地催促下发现都该成家了呢，然后浑浑噩噩，竟然就要三十岁了。

我曾听悦悦讲起过她的故事。

当悦悦第一次意识到二十几岁并没有十年的时候，她 24 岁，有一份稳定的工作。这一年，她有一个驻外的机会去拉丁美洲。很多人说，她这么做代价太大，等她回来，就没有时间了，三年回来她都二十七八了，三十岁之前结婚生子可就要完不成了。

那是她第一次听说，对于一个 24 岁的姑娘来说，要去远方的话，就没有时间了。二十几岁，要工作，要赚钱，要贷款买房，要结婚生子，这些都需要时间，并且排得满满当当的。二十几岁的时光竟然如此紧张，好像分毫之间，一个不注意就要溜走了，好像它根本就没有十年。

敢不敢出发，敢不敢放弃国内“听上去很好”的安稳，敢不敢冒着失恋的风险，敢不敢拿女生最美的三年去换一个未知的未来？她在各种权衡以及焦虑中，发现这个世界以及时间，对女生来说都太残酷了。

后来，她坐着防弹车去贫民窟，独自住在亚马逊雨林深处的木屋里，在一场盛大的狂欢节里痛哭，在牙买加混着酒精和荷尔蒙的雷鬼乐里对自己说“生日快乐”。那些美妙的时刻，如同里约热内卢升腾而起的烟火一样，照亮了她的二十几岁。

在这一路上，她遇到了很多人，也遇到了很多二十几岁的姑娘，听到了很多故事。关于远方、自由、爱情、工作、旅行还有世界。三年，巴西、阿根廷、秘鲁、厄瓜多尔、哥斯达黎加、委内瑞拉、古巴、智利、巴拿马甚至是苏里南，她走完了一张拉丁美洲的地图，渐渐觉得二十几岁好像真真实实地过了这么几年。

有时候，我们面对机会，如果没有意识到二十几岁的珍贵，没有算过关于时间、关于年龄的数学题，那么面对结婚大军、稳定大军的袭来，你很有可能不那么选，很有可能和上大学的时候一样，选择睡懒觉，选择逃课，到大四才恍然大悟，开始用“早知道……”这个句式。

在某次旅行中，我结识了一个姑娘。一次饭局，我讲起我的故事，她充满羡慕地看着我说："我只比你大两岁，但我都想不起来我在你这么大的时候都在干什么。"

从事自媒体工作以后，我清楚地记得自己每一个月是怎么过的，去了哪里，见过什么人，听了什么样的故事，可以从一月数到十二月。而不是在写年终总结的时候，发现今年和去年的差别就是又过了一年。我才知道，如果你选择和时间较劲，那么二十几岁就会有十年；如果浑浑噩噩，那么二十几岁可能真的连五年都不到。

我认识的一个女生是个全职主妇，名叫 Aline。Aline 是圣保罗大学主修国际关系的研究生，也是本科毕业时，跟随做生意的老公去了巴西。不同于我们常见的家庭主妇，到了巴西以后，她苦修语言，很快学会了葡萄牙语，通过各种争取和朋友介绍，开始在圣保罗的孔子学院教中文，后来申请了圣保罗大学的研究生。

那些本科学了四年葡萄牙语的女生，觉得在巴西读研尚且会有困难，而 Aline 一个学了不到一年的姑娘，却成功进入了需要看大量葡语书籍的国际关系专业，并且申请到了全额奖学金。她经常东奔西跑忙个不停，每次问候她，她总在尝试学习新事物。

Aline 的二十几岁，虽然也是全职主妇，但她过得光芒四射，她想得起来这二十几岁的每一天。

生活只在于我们如何选择，既然我们都会做数学题，通过加加减减我们一定会发现，时间真的没有我们想象中的那么多。

愿我们的二十几岁都真真实实地过足十年。

不要给别人浪费你时间的机会

多年前，某天早晨我上班差点儿迟到，电梯里那个浪费我们时间的女人，让我越想越生气。

在一楼时电梯门快关了，有个刚进写字楼大门的美女眼看电梯快上行，喊了声“请稍等”，紧挨楼层按钮的我便按下了开门键。

结果这美女把这一小段路程，走出了巴黎时装秀的感觉，不疾不徐、风姿绰约地款款走来，电梯门数次要合上，我数次急躁地按下开门键等她。

我心里对她翻了个“托马斯回旋大白眼”，暗想道：大家都忙着打卡，就不能走快点儿吗？

好在后来有惊无险地没迟到，但我余怒未消。生气果然是对自己无能的惩罚，毕竟，是我一而再、再而三地按下开门键，让她有机会浪费大家的时间。

我身边有不少浪费别人时间而不自知的人：

久未联系的人托你办事，假装熟络地寒暄半天才扭捏提出要求。大哥，有事儿直说，你刚刚磨叽半天的工夫可能已经把这事儿给办妥了。

有的人说个事情东拉西扯，明里暗里的故事线铺了好多条。为了弄懂你想说啥，我耗尽了提炼主谓宾和缩句的毕生功力。

这类人不把自己的时间当回事，也不把你的时间当回事，像我这种急性子的人与他们“过完招儿”，每次“内伤”伤势都很严重。

后来我从吐槽转为自省，就算别人浪费了我的时间，也是我给他们这个机会的啊。

不行，我得主动制止别人浪费我的时间。

[1]

当我骨架软塌、眼皮低垂时，一副慵懒的样子，然后就会有人问我："昨晚没睡好？"

当我怒火未平、鼻孔喷火时，一脸生气的样子，完全就是八卦的吸铁石，马上就会有人上来问："谁惹到你了？啥事这么气？"

你一旦有情绪，就会招惹关注，话匣子一旦打开就没那么轻易关上。所以你得先弄清自己到底想发泄，还是忙于解决问题。

如果我看到别人正在认真做事，我会不忍搅扰，同理可证，要是我专注沉浸于某事，我周边肯定也能形成一个闲人勿近的"结界"。

不知你有没有同感，有人跟上司汇报工作时，陈述现状，引用数据，高效地为上司省时间，到你这就变成了扯闲篇和唠家常，也许你身上的松散劲儿散发着一种"我的时间你做主"的气场。

[2]

有种可怕的病叫“怕人尴尬癌”，心里明明受不了别人的求帮忙或唠叨，但仍面带微笑地点头附和，不拒绝，不打断。

你这样会给人传递一种“你很享受此次聊天儿”的信息，更鼓励了他求帮忙的行为，更激发了他唠叨的表演欲。

保险推销员给你讲了二十分钟，你问东问西后才说不感兴趣，他也泪奔。“饭桌吹牛王”带你追忆青春年华，你左惊右呼后听上句忘下句，他也泪流。

你配合着他瞎演个什么劲儿？自己的时间有多值钱，别人不知道，你自己没概念吗？

不想被打扰，就表现得很忙，就经常看表，表现出一副“社会主义等我建设”的匆忙感，他神经再粗大，诉说欲再浓烈，也会“放你一条生路”的。

如果你实在忍无可忍，就说“我很想跟你再聊，但 10 分钟后我确实有急事”，既让他有个心理准备不至于突兀，也能给他留面子。

[3]

我认识一个高效率女士，她的工作需要接听许多电话，她发现多数主动打给她的人，习惯简单介绍下自己的公司和认识的契机，走个客套的流程。

就算每个电话开场仅多耗时半分钟，也架不住走量啊。

后来她与人初次交换号码时，就备注上对方的公司、职位、姓名和产生交集的缘由，有按着名片号码打过来的，她接听一次后立马备注上。

这样她接电话时，先说："某公司的某经理啊，打给我啥事呀?"省下不少寒暄时间。

她跟我说，她宁愿回家多听女儿咿呀学语，也不愿把时间浪费在这种无意义的事上。

另外有个同事，曾有过"如果开会半小时后 PPT 还停在第 3 页上的话，果断开始做自己的事"的论断。

我见过有次员工大会，总经理又在提我们都能倒背如流的"当年勇”，前排靠边的同事在翻阅重点项目的材料，我仿佛看见他对浪费自己时间的人或事点了“一键静音”。

还有些人，很少与无利益关系的人理论超过 3 句，很少与三观不同的人谈天说地，很少与偏激的人争个你死我活。

犯不着因为不能增进共识的对话而跟自己置气，不仅浪费对话时间，事后还得设个“加时赛”来后悔，你是何苦?

[4]

我大学有个同学讲话完全抓不住重点，主次不清，说到配角也要延伸介绍背景，提及琐事也会切换三种时态，听得我们很抓狂。

他也意识到自身问题，让我们帮他改正，后来我们一看到他有跑题的现象就拉回他，有人甚至帮他分析总结。后来他进步喜人，说话简明易懂。

你看，节约自己和别人时间的好习惯是可以培养的。

浪费时间多数是相互促成的，我看到网上有人说最受不了别人在聊天儿软件上问：“在吗?”他隔段时间看到时回“在”，对方又隔段时间问：“现在在吗？”他又隔段时间回“现在在了”，单单两个来回就已跨越好几个小时。

我看着都着急上火，这种沟通成本和情绪代价太高了。

对方问你在不在，直接回复“在，但工作较忙，您有事直说”，这样对方节约你时间的概率会猛增。如果他的“在吗”和你的“在”总是擦肩而过，就约个时间电话联系。

你忙碌时，看到长语音留言很烦，不妨温馨提醒对方：上班时会议多，文字沟通更便捷，语音既不方便听也不方便说。你很忙时有人问你难以解释明白的问题，不妨委婉告知对方这个问题曾在知乎或百度上看过，现在有点儿记不清了，不如让他自己去查查。

手把手培养对方，达成低成本的沟通方式很有必要，“事事关己，不能挂起”。

此外，在没有令人信服的原因的情况下，别人迟到、爽约、不在状态，你得让他知道你的原则。正如我的一个朋友因乙方迟到几次便单方面取消合作。

他说：“时间就是金钱，有人浪费我时间，他得赔我钱，凭什么我还付他钱。”

不要给别人浪费你时间的机会，那是对自己时间的间接浪费。

最后我们再来重温鲁迅先生的名言："浪费别人的时间等于谋财害命，浪费自己的时间等于慢性自杀。"

只有努力到无能为力，才有资格说听天由命

[1]

命运之神到底是什么样的呢？

她有样貌，有身材，有家世，有数不清的宠爱，所有人都把她捧在手心里，高高在上，闪闪发光，是个娇气的小公主。

她家在农村，从小懂事听话，熬夜学习，受了委屈咬牙坚持不肯掉一滴眼泪，拼了命也只换来一个普通人的一生。

对啊，命运就是不公平的。

上帝给你关上了一道门，就会给你打开一扇窗。

它拼命给别人送礼物，爱情，才华，天赋。

你一个劲儿地冲它笑，它却反手给你一耳光，打得不过瘾，又是一耳光。

你又能怎么办呢？

大哭大闹撒泼打滚儿对着全世界喊冤枉，可是生活不是判案啊，没有铁面无私的包大人站在你身边替你平冤昭雪。

最后还不是只能抹把眼泪，抱抱自己，接着笑靥如花地走下去。

[2]

有一句话说："什么时候努力都不晚。"

所以，总有人用这句话安慰自己，今天拖明天，明天拖后天，日复一日，直到拖不下去为止。

可是说实话，你最后奋发真的赶得上那些孜孜不倦往前奔跑的人吗？

也不是没可能，天才总是有那么几个的，但你能成为那几个天才吗？

一个小伙子和我抱怨，他说他也想努力做一件事，做精细，做透彻，可总坚持不下来，最后落得个日复一日，蹉跎人生的悲惨结局。

他说他从小就很聪明，小时候他觉得自己会成为一个不一般的人。

后来长大了，却发现自己的聪明没用对地方。

别人做调研跑市场用了整整一个月才搞定的任务，他用一个星期就完成了。

大学的时候，室友认认真真地泡图书馆看专业书，而期末考试他随便瞟几眼居然也能过。

我羡慕地说："那真好啊，余下来的时间你可以做自己喜欢的事情，真幸福。"

可他却回复我，没找到喜欢的东西，多出来的时间也被浪费了，在刷微博看视频的不断转换中悄悄地溜走了。

再回首，青春一晃而过，在他的记忆里，什么都没留下。

学校里，专业考试过了，却也是勉勉强强过，和班上大部分人一样。

公司里，业务技能没有很生疏，却也谈不上熟练。

爱情呢，遇到一个一般的姑娘，说不上多喜欢，也没有很讨厌，结婚还行。

他说，有天看我的文章，醍醐灌顶，再这样下去，恐怕就应了那句老话：最怕你一生碌碌无为，还安慰自己平凡可贵。

“我可是要当英雄的人啊。”这是他回复我的最后一句话。

[3]

有时候觉得未来是最好玩儿的东西，如果它是一个软绵绵的面团儿，最后被捏成什么样子恐怕最终的决定权还是在我们自己手上。

一个朋友的朋友，现在创业开公司，带团队，拿到了天使轮。

他出门就是穿金戴银，名表配西装，名车配美女，简直金光闪闪，亮瞎大家的眼。

看上去真的挺好的，可是能有什么用呢？

圈子里的人都知道，他最喜欢的姑娘在他最窘迫的时候离开了他，那年他欠着外债，家里尚有重病老人。

同学聚会的那天，他喝高了，当着全班人的面，扯着那姑娘的衣角，哭着喊着说不要分手，他会努力，可姑娘依旧走了，连个背影都没留下。

现在他功成名就，金光闪闪，却只口不谈爱情。

[4]

以前在外地打工的时候，租的房子在偏僻得不能再偏僻的犄角旮旯儿。

我喜欢去楼下的早餐摊子买碗热干面，发工资的时候就多加一碗馄饨，月底没钱的时候就只吃一碗热干面。

早餐摊子的大叔每次都送我一杯豆浆。一开始我还以为是送的，大家都有，还傻乎乎地嚷嚷着再来一杯。

有天突然发现除我之外，其他人都是付钱的，我的脸上简直就是大写的囧！

我要给钱，大叔不让，说我总照顾他的生意，我独自在外地打工也不容易。

我也只能尴尬地笑笑，偶尔给大叔带点儿水果什么的，渐渐地就熟了，我也能偶尔去蹭个饭，周末不加班的时候也帮大叔看个摊儿。

大叔每天早上四点起床，准备早餐的一切事宜，磨个豆浆，炸个油条……忙下来就是一早上，然后等我们这些上班的人起床吃早饭。

大叔中午过后还会去菜市场门口，顶着大太阳推着一个小推车，在那附近卖菜，直至落日黄昏。

大叔说起这些的时候，笑得异常灿烂，我听着却有点儿心酸，大叔头上的白发，额前的皱纹告诉我，他本该是颐养天年的岁数。

问起原因的时候，大叔只是说，女儿女婿贷款买了房，还差二十万，自己想努力帮衬着点儿，趁自己还干得动，多挣点儿钱，帮女儿攒着。

那一瞬间我真的不知道该说什么，只能使劲低着头，望着地面。

[5]

大家都说，命运自有它的安排。

可是我想说，只有努力到无能为力，才有资格说听天由命这种话。

出身农村，你不努力学习没考上大学，高中毕业就被嫁出去，养猪，种地，带娃，那怪不得谁。

身在大学，你浑浑噩噩混日子，没找到好工作，后半生碌碌无为，处境窘迫，那也怪不得谁。

天天嚷嚷着梦想，却从未付出货真价实的行动，最后屠龙梦变成了白日梦，更怪不得谁。

若说命运不公平，给了你一副烂牌，但很多人比你还难。

朋友高中时成了留守儿童，一个人守着偌大的空房子，一个人睡觉、上学，顶着四十二度的高烧去医院打针。

他大学自己挣学费，挣生活费，偶尔还要给老家的外婆寄钱，熬夜写软文，顶着烈日发传单。

他不觉得自己摸到了好牌，但是比他还难的还大有人在。

大家的路都不好走，不是只有你受尽委屈。

第七章

在最美的时光，遇见最好的爱情

喜欢就追，勇敢示爱

有些人乐观向上，有些人沉静温柔，有些人严肃谨慎，有些人敏感细腻，人的性格多种多样，每个人都会遇到正对自己口味的那个他或她。但是，在喜欢的人面前，很多人都会因为害怕被拒绝而不敢表白，为自己找各种理由退缩，最后眼睁睁地看着自己的男神、女神投入别人的怀抱，永远失去了拥有的资格。

暗恋是一段被甜蜜和痛苦同时包围的经历，为对方欢欣，为对方难过，一颗心全系在那个人身上，表白的场景在内心排练了无数次，表白的话语在脑海里组织了无数次，可当见到心上人的那一刻，偏偏大脑一片空白，简单的“喜欢”二字就是说不出口。

人是情绪化的动物，充满热情的年轻人面对一份真挚的感情，能迸发出巨大的能量，这能量可以让一个害羞的人变得主动，让一个吝啬的人变得慷慨，让一个不善言辞的人成为舌灿莲花的吟游诗人。但如果你始终不敢迈出这一步，最终只能自己感动自己。

冉冉和阿城是高中的同班同学，但整个高中时期因为交友圈子不同，两人并未说过几句话。上了大学以后大家都在不同的城市，自然更没有什么交集。若不是那次同学聚会，冉冉和阿城就会错失了一段美好的缘分。

大二那年寒假期间，冉冉和阿城参加一场高中同学聚会，从饭店出来，天已经很晚了，冉冉家又离得比较远，大家不放心冉冉自己打出租车回去。

看到大家如此关心自己，冉冉不好意思地说："不用这么麻烦，我自己可以的，上出租车的时候把车牌号发给大家就可以了。"

这时，班长似乎想起了什么，忽地一拍手，说："阿城的家好像离冉冉家不远。"

阿城惊讶地看着冉冉，一问才知竟然就隔了一条街，但是几年来两人竟一次都没有偶遇过。

那天在出租车上，两人聊得很愉快，之后，两人偶尔会寻三五好友一起出去玩儿，渐渐地，从偶尔变成了时常，从三五成群变成了两人的独处。

走在路上，阿城永远站在冉冉的左边，将冉冉护在里侧，他的手永远可以在冉冉快摔倒的时候扶住她，在冉冉需要帮助的时候提供援助，冉冉的心就这样一点一点融化在阿城的关怀之下。

冉冉开始不断地期待假期，期待与阿城相见的日子，她心动了。

阿城所学的专业对专业能力的要求比较高，故而他打算大学毕业以后考本校的研究生，冉冉为了两人能时常在一起，也打算考阿城学校的研究生，并计划在考上以后就对阿城表白。

功夫不负有心人，冉冉和阿城在同一年进入了同一所学校，他们有了更多的相处机会。冉冉很想把心里的话说出来，但是，她拼命鼓起的勇气，在面对阿城的那一刻通通不见了。

看着他们明明相互爱慕却始终不敢表露心意的样子，冉冉的闺密实在看不下去了。她极力劝说冉冉去表白，还一直为她出谋划策。终于，在一个圣诞节的夜晚，冉冉约了阿城去操场见面，她远远地看见阿城的身影，用力地朝阿城跑过去并抱住了他，说出了“我喜欢你”四个字。阿城则微笑着告诉她：“我也喜欢你。”

之后的故事很简单，冉冉和阿城毕业后留在了同一所城市，过上了幸福的生活。虽然偶尔有些小吵小闹，但两人生活得很幸福。

冉冉也曾问过阿城，如果她不表白他们会怎样。阿城想了想，告诉她，他们也许会错过吧。

如果没有冉冉的表白，这份真挚的感情可能就会化作淡淡的遗憾，遗留在两人的心底，他们现在美好的生活也不复存在，而冉冉的勇敢追求则成就了这份美好。

我一直很敬佩那些敢于追求真爱的人，他们敢爱敢恨，为了心中的那份感情奋不顾身，即使被拒绝了也能坦然接受，勇敢迎接接下来的生活。对于他们来说，被拒绝并不是一件尴尬的事情，而是不给自己的未来留有遗憾。

喜欢十分单纯，相遇万分难得，如果有幸遇见自己喜欢的人，一定要抓住机会表达出来。不要等着幸福从天而降，幸福是要靠自己去争取的，错失机会以后面对的将是无尽的悔恨。

面包我自己挣，你给我爱情就好

一份无法剪断的牵挂，一份温暖心田的陪伴，一份割舍不掉的感情，对于每个人来说都是弥足珍贵的，但是一份再真挚的感情也不能完全脱离物质条件。

很多姑娘会被男生的一句“我养你啊”感动得找不着北，但是这种在兴奋状态下说出来的话并不一定会成为现实，他可能会养你一时，但不见得会养你一世。

我经常在书中告诫女孩子，一定要好好读书，学会谋生，经济独立，这样当你和另一半儿在一起时才能说话有底气。若当你买个东西还要向别人请示，想犒劳一下自己还要征询别人的意见，那你的尊严和自由将不复存在，你也将会沦为别人的附属品。

我认识的一位学姐，她是他们那一届的优秀毕业生，她也是我见过的最优雅、最出彩的女子，不论在哪个领域，她都足够令人惊艳。

学姐从没有一刻放弃过努力，她把提升自己当成了人生最大的事业，无论是哪个方面，她对自己的要求都达到了苛刻的程度。用她自己的话说，一日不进步就是在放任自己倒退。

在学校的时候，学校安排的课程可以帮助自己提高，但是工作以后，就只能靠自己了，如果自己不去看书写字，每日工作期间获得的知识量对自己来说太少了，就没有办法提高自己。

为了调整自己的仪态，她每日练瑜伽练得大汗淋漓也不会松懈。

为了保证自己的体重不超标，她每日早上牛奶、鸡蛋、水果，晚上喝粥，戒掉了挚爱的油炸、膨化食品。

为了修炼自己的谈吐，她每日花半小时时间进行阅读，并背诵优秀词句。

为了提高自己的英语水平，她每日花半小时背单词、背句子。

为了保证健康的作息，她每日七点钟起床，夜间最晚十一点半睡觉。

为了保证工作任务能很好地完成，她会在完成任务之后，仔细检查，甚至留在办公室里加班加点。

我曾悄悄问过她这么拼的原因，她告诉我："我这么拼，都是为了以后可以挺直腰板儿做自己，我可以去追求我想要的生活。当我遇到我喜欢的人，他富有我不会成为他的依附，也不会在离开他以后无处可去。他贫穷我可以让我们有体面的生活，当他离开我，我也不会觉得世界坍塌。其实我原本也没有这么拼，但现实总会教会你做人的道理。"

之后，学姐给我讲了她之前经历过的事情。

学姐刚毕业的时候，和男朋友在北京工作，两人挤在狭窄的出租屋，每日的生活就是工作、赶路、吃饭、睡觉，日子可以说过得枯燥无味。她的工资不高，仅能保证自己的吃穿，所以房租都是由男方支付。两人的日常生活也经不起太大的波澜，一不小心就会入不敷出。

在这样的情况下，不幸袭来，她的父亲罹患肺癌，治疗期间，需要很多钱来支付医药费，因此她不敢再蹉跎度日，每天都在想办法赚钱，但是相对于大额的手术费，她的薪水不过是九牛一毛，家里也被掏空了，还欠了很多外债。

父亲日日被病痛折磨，在病房里撑了三个月终究还是离开了人世。而在这期间，男朋友也因为不愿背负学姐沉重的家庭负担而选择了分手。学姐悲恸欲绝，却无力挽回，只能提着自己的行李离开了出租屋。可等到出来以后她才发现，在这个偌大的北京城，她竟然找不到一个容身之处。

为了不让自己再沦落到那种境地，她从此以后开始奋发图强，一方面是让自己和家人有更好的生活，另一方面也是为了让自己在面对一段感情的时候，能够更加自主，不至于太过被动。

面包与爱情的争论由来已久，爱情是需要两个人去维系的，而面包则可以自己为自己挣。

爱情，是为了让相互心仪的两人获得更加美好的生活。一段好的感情，应该是平等关系，而不能是依附关系。人作为独立的个体，具有自己的个性特征，一旦依附于另一方，就会压抑自己的个性，从而丧失话语权。当一个人长期处在这种状态下，就会失去自我。

拥有平等关系的两人应该是相互扶持的，在爱情中保留自己独立的意识，在认真爱自己的同时，也要勇于付出，让两人的生活变得越来越美好。

我是脱缰的野马，也是你怀里的小猫

很多人说自己不惧孤独，不惧黑暗，但是当夜色降临的时候，姑娘化着精致的妆容去夜店跳舞，小伙儿穿着帅气的衣服去酒吧喝酒，一个个不独自在房间内睡觉，却选择一同扎进灯光和人堆，借助酒精和歌舞麻痹自己，以求度过漫长的黑夜，如果有人陪有人疼，没有人会选择在酒吧里寻求安慰。

很多单身男女号称自己的日子过得很自在，觉得自己很享受单身生活的每一天，但是对外再独立自强的人，也会有柔软的一面，也希望自己可以被人保护。

天天是一个热情奔放的女子，长相平平，但是跳起舞来就像换了一个人，如果你曾看到过她伴随着音乐舞动身体的样子，你一定会爱上她飞扬的长发，爱上她流转的眼眸，爱上这个浑身上下充满激情的女子。

我一度觉得她是为舞蹈而生的，也是为自由而生的人，似乎没有什么可以挽留她的脚步，她可以在一个地方待够了，就收拾东西去另一个地方，继续游戏人生，像一匹脱缰的野马，不会为任何人停留。

直到她遇见木子，我才第一次知道，这个看起来对一切毫不在意，活得潇潇洒洒的女子，也不过是一个普通姑娘，也需要人陪，只是这个人还没出现。她不是洒脱，只是看起来洒脱，不愿放下自尊去挽留留不住的人和事，该来的让它来，该走的让它走。

木子是一个自由撰稿人，总是要到不同的城市寻找灵感。他的身上不仅有天天的洒脱，更有一股天天没有的淡然气质。在北京的一家小酒吧里，木子和天天相遇了。

天天喝得微醉，一个人坐在木子对面的沙发上，抱着酒瓶发呆。

木子看她喝得不甚清醒，就帮她叫了一杯蜂蜜水，想帮她醒醒酒，谁知他刚到天天的面前，天天就拉着他去跳舞了。

一来二去，两人就相熟了起来，并相互吸引，成了彼此的另一半。

木子爱上了天天，并在天天所在的城市长久地住了下来，他告诉天天，他想要与她结为夫妻。天天患得患失，对他说："先别这么急着下结论，以后的事情还不知道怎么回事呢。"

他却以为天天还不愿停下脚步，想继续游戏人生，心灰意冷，选择了离开天天。

天天向我哭诉："本以为他是不一样的，本以为我们真的可以像他说的那样结为夫妻。没想到，结果还是一场空。"

我问她："木子已经走了吗？"

天天说："木子让我住在他的出租屋里，他打算过两天离开。"

"你打算挽留他吗？"

天天不确定地问道："挽留他？他怎么会为我留下呢？"

我哭笑不得地说："他想走，早就可以走了，何必要等两天呢？"

不知道天天有没有主动挽留，也不知道木子是不是自己决定留下来，但是他们最后还是幸福地生活在一起了。

天天的眼神从此不再恣意流转，她的巧笑嫣然自此只为一人，她的舞也只为一人。

从来没有什么真正的洒脱，在对的人面前，不过是你情我愿的互相牵绊。

我们嘴上虽然说着无所谓，说着冷言冷语，但事实上，我们更想说的是："别走，留下来，我需要你。"

我们每个人都渴望被爱，渴望温暖，我们都希望能在这个冷漠的世界中寻觅到可以互相慰藉的伴侣。在我们累的时候，烦恼的时候，能够握紧他/她的双手，或是与他/她紧紧相拥，听他/她说一句安慰的话语，哪怕他/她一言不发，我们也能在那个拥抱里得到温暖。

有些女人习惯了口是心非，别看她们穿着高跟鞋，笑容满面地喝着威士忌，好像一匹无法驾驭的野马。其实，她们也可以做你怀里的一只猫，只要你深情款款，带着满心的爱意，包容她、爱护她，她就可以走进你的怀里。

大胆地去爱吧！别放任孤独，用心去寻觅，总有和你惺惺相惜的人会与你执手，走完此生的路。

这世上最不功利的事是爱情

在我看来，爱情应该是简单、纯粹的，一心只爱着那个人，爱着他的样子，他的性格，他的喜怒，无关其他。

苏苏是一个很乖的女孩儿，也有些慢性子，从初中到高中，再到大学，她一直勤奋学习，爱情似乎一直与她无关。

她说，爱情这件事慢一些也没关系，对的人总会出现的。于是，她的爱情与生活都被她慢慢地熬成了一锅滋味十足的浓汤。

大学毕业后，苏苏进入了一家知名企业。

苏苏的上司沐辰是一个不苟言笑的男子，虽然只比苏苏大 4 岁，但举手投足间都透着成熟和稳重的魅力。

在工作上，沐辰总是耐心地指导苏苏，虽然严肃，但从没严厉指责过苏苏。一天又一天，苏苏就这样一点点爱上了沐辰，那时候，苏苏听说沐辰有女朋友，便默默将这份爱放在了心底。

后来，沐辰和女朋友分手了，从沐辰紧锁的眉头和消沉的目光中，苏苏感受到了沐辰的伤心。不过，苏苏什么都没有说，也没有做。

闺密月月心疼苏苏，于是劝苏苏主动出击，表白真心，该乘虚而入的时候就要乘虚而入。但苏苏说她不愿意，她只想那样安静地爱着他，护着他，这样就够了。

在工作上，苏苏渐渐成了沐辰的得力助手，苏苏事事都为沐辰考虑周全，她不在乎辛苦，也不在乎值不值得，有没有回报，她就那样默默在沐辰的背后，无声地陪伴着他。

1 年、2 年、3 年……转眼 5 年过去了，苏苏的心里没有装进任何一个男孩儿，唯有沐辰。她知道沐辰什么时候疲惫，什么时候需要一杯咖啡，什么时候需要安静。她知道沐辰早已走出了感情的伤痛，她也知道在严肃的外表下，沐辰的心是何其温柔。她越来越了解沐辰，也越来越爱他。

5 年的相伴，苏苏也早已走进沐辰的心，沐辰喜欢苏苏安静地陪伴他，喜欢她对他微微一笑，那时，他感觉整个心都暖了起来。

不过，沐辰没有表白。苏苏已经进公司很多年了，他已经全面考察过苏苏的能力，认为可以让苏苏晋升经理了。只是，如果他那时候表白，苏苏可能就无法升职了，全公司都会议论她，认为她是靠关系上位的，而领导们也不会顶着流言蜚语任用她。

偶然间，苏苏明白了沐辰的顾虑，她想都没想就递交了辞呈，她将辞呈放到沐辰的手里，说："我爱你，无论发生什么事，我都选你。"

沐辰看着那样坚定的苏苏，微微一笑，说："嗯，我也选你。"

闺密月月听说苏苏辞职了，瞬间就急了，一直痛骂苏苏，说她没心没肺，十足的傻瓜，但苏苏抱着月月，笑着说："这世上最不功利的事就是爱情，我愿意永远坦荡去爱。"

月月看着那样的苏苏，她感动了，她想：最美好的爱情，或许就是苏苏这样的。

后来，苏苏应聘了一家上市公司，凭借着多年的工作经验，她顺利入了职。苏苏工作努力，仅用一年时间，就用业绩证明了自己的实力，让公司的同事刮目相看；仅三年，苏苏就升了职、加了薪。

那一年，沐辰求婚了，苏苏守护的爱情终于开花结果了。

有人说，现在的爱情都太现实了，仿佛很多人都在追求功利的爱情，但事实上，纯粹的爱情依然是存在的，不管你相不相信。

房子、车子、存款，这些现实问题，也许令许多爱情黯然失色，甚至令人心灰意冷。然而，在功利的背后，仍有动人的、纯真的爱在守护，就像在茫茫的夜色中，仍有点点星光守护。

在爱情的世界里，金钱、地位、权力，这些都是次要的，只有两心相印的爱情，才能真正让两个人相知相守、相伴一生。

有人说，幸不幸福与金钱有关，但也无关。有钱却没有爱，那么注定是凄凉的，没有很多钱，但有满满的爱，那么也能是幸福的。

相信爱情，相信最真的爱情终会与你不期而遇。别用功利的心去看待爱情，那样只会让爱失去本来的颜色。

遇见你，此生足矣

[1]

跟阳哥一起吃饭，我忽然心血来潮问他："你有没有谈过一场刻骨铭心的恋爱，一辈子都不会忘的那种？"

阳哥吃了一口菜，喝了一口酒，又抹了两下嘴，长叹一口气说："算不算刻骨铭心不知道，能不能记一辈子也不知道，但是，分开两年了，她在我心里的好，一点儿也不见少。"

有人说，男生的爱情是在做减法，最开始追求时会给女生打一百分，等在一起之后，发现她的缺点越来越多，女生在男生心里的得分就会逐渐减少，所以分手的时候，通常是女生撕心裂肺，男生如释重负。

但阳哥说，他的恋爱刚好相反。

七年前，阳哥在大学的第一次新生聚会上认识了陈小妞。

那天，班长对他说："小阳子，你是不是还没女朋友呢？我给你介绍一个吧，保证跟你郎才女貌。"

阳哥说："好啊，要瓜子脸、水蛇腰、C 罩杯的那种。"

后来，班长就把陈小妞推到了阳哥面前。

阳哥打量着眼前这个个子小小、身子瘦瘦、一脸稚嫩，还有点儿婴儿肥的姑娘，在心里默默给她打了负分，心想班长这家伙也太不靠谱儿了，拉一个这么没水准的妹子给他，太小瞧他的眼光了。

整个饭局陈小妞都羞答答地坐在阳哥身旁，体贴地帮他倒酒，给他递纸巾，可阳哥却只顾大口吃菜，大碗喝酒，连话都懒得跟她说。

[2]

阳哥问我："你信缘分吗？"

我说："信。"

可是缘分是什么呢？

你遇到他/她的时候，以为他/她只是一个过客，但走着走着他/她就成了你生命的一部分，甩都甩不掉。

那天饭局的后半场，同学们都喝多了，男生争相跟身边的姑娘表白，阳哥对身边的陈小妞没有半点儿心思，于是准备吃饱了就撤，却被班长拦住了，班长说：“小阳子，既然坐在一起了，表个白再走啊。”阳哥说：“班长你别闹，我跟人家姑娘都不熟。”

班长说：“不熟怎么了？咱学校狼多肉少，你先占上一个再说啊，我说小阳子你是不是胆小啊，不敢表白是吗？”

阳哥被这一句话触到了神经，他曾经确实喜欢过一个姑娘，因为羞于表白错过了。

于是，为了弥补过去的过错，也为了证明自己不是没胆，阳哥一个箭步冲到了饭店前台的麦克风前，当着饭店所有人的面，对着陈小妞喊：“陈小妞我喜欢你，陈小妞做我女朋友吧。”

阳哥说，那天陈小妞被羞了一个大红脸，仓皇地逃出了饭店。

很多故事都是这么发生的，一个玩笑的开始以为不会有后来，但后来却接踵而至，不受你掌控。

自从阳哥表白后，全班同学便都把他俩当一对情侣看待，阳哥是负责任的男人，他想，既然姑娘的名声都这么搭给自己了，那就干脆追一追吧。

说也奇怪，男生追求真心喜欢的女生，总是找不到窍门，处处碰壁，可是追不喜欢的姑娘却会得心应手，招招儿制敌。

阳哥说，就没见过陈小妞那么好追的姑娘，你明明做好了打持久战的准备，结果号角还没吹呢，她就束手就擒了。散了两次步，吃了两顿饭，你买了束花送她，第二次跟她说："做我女朋友吧。"她就点点头，痛痛快快地答应了。

[3]

跟陈小妞恋爱后，阳哥惊奇地发现，这是个特别懂事的女孩儿，从来不会无理取闹，你约会迟到她不会生气，玩游戏忽略她她不会抱怨，不记得她的生日她就买蛋糕给你吃，总之在她那里，好像从来没有什么值得闹脾气的事儿。

但是，阳哥依然不觉得自己有多么喜欢她，他不是一个把恋爱看得很重的人，有没有她都无所谓，他也做好了随时分手的准备。

直到恋爱后，阳哥的第一个生日，那天他收到很多昂贵的礼物，名牌钱包、手表、腰带等，可陈小妞送他的却与这些都不一样，一盒亲手做的巧克力，一只暖水壶，一个抱枕，还有一套牙具。

看到这些礼物的时候，阳哥就笑了，这丫头好土啊，哪有生日礼物送这么一堆的，可是陈小妞有她的理由，她说：“巧克力代表依靠，我的肩膀不宽但是随时准备借给你靠，你胃不好以后记得多喝热水，打游戏累了的时候，有个抱枕靠着会舒服一点儿，还有你总是喊牙疼，一定要保护好牙齿，以后还要跟我一起吃很多好吃的。”

阳哥被陈小妞的这些话震住了，以前谈过多少次恋爱，都是姑娘们等着他去关心和体贴，等着他去送礼物，从来没有一个姑娘像陈小妞这般用心，这样温柔地对他。

在那之后，阳哥开始觉得，他有一点点喜欢陈小妞了，越来越觉得她简直美好得让人难以想象。

一起吃饭的时候，陈小妞会为阳哥剥一整盘的虾递到他面前；阳哥腰疼，陈小妞在后半夜独自去校外给他买药；发烧的时候，陈小妞能给他搓两个小时的脚心都不喊累。

这是一个多么特别的姑娘啊，她为爱情好像有用不尽的能量，永远不知疲倦，永远在你身旁，为了你，她好像能豁得出性命一样。

阳哥真正义无反顾地爱上陈小妞，是在他的第二个生日，陈小妞送的礼物更加别出心裁。她花了不知道多少日子，手工制作了几十张“爱的抵用券”，亲手画的卡通，一笔一画写的字。

阳哥说：“我再一次被她震惊了，她到底有多少奇妙的小心思啊，可以一直给你惊喜，她到底有多少优点啊，让你两年了都发掘不完。”

也是从那一天起，阳哥决定要好好爱护她，要加倍珍惜这份爱情，因为这样的姑娘，值得他一辈子不离不弃。

[4]

阳哥的电脑屏幕是一张陈小妞的照片，从大一到现在从来都没有换过，后来他在照片上写了三个字，“我老婆”。他说：“其实这几年来，在我心里她早就不是女朋友了，而是真正的老婆，明媒正娶过的，一辈子的那种。”

爱上陈小妞之后，阳哥整个人都变了，他想用以后的时光弥补这两年对小妞的亏欠，陈小妞曾说她在阳哥心里的分量小，因为他总是因为游戏、哥们儿、篮球、钓鱼这些忽略陈小妞的存在，阳哥就在陈小妞生日的时候，把自己玩了两年多的游戏账号给卖了，揣着四千块钱去给陈小妞选礼物。

陈小妞知道之后，满心愧疚地说："我什么都不想要，你把账号买回来吧，玩了那么久你该多舍不得啊。"

阳哥说："陈小妞，我卖账号不是为了你，是为我自己，我就是想告诉你，以后我可能还会因为游戏，因为哥们儿，因为篮球，因为钓鱼，因为很多事忽略你，但不管怎么样，你在我心里比这所有一切都更重要！只要你说一句话，这一切我都可以不要。"

很多承诺，说的时候都是真心又坚定的，但行动的时候，却总是不自觉地将它们抛之脑后。

[5]

大学毕业的时候，陈小妞选择了留在家乡，阳哥却毅然决然地要去当兵。

陈小妞是城里的姑娘，而阳哥的家却在一个小县城，陈小妞有爸妈给安排的稳定工作，阳哥却什么都要靠自己。所以，他以为当兵是奋斗的一条捷径，或者提干，或者退伍转业，他跟陈小妞说："你等我两年，我就回来跟你结婚。"

当兵走的那一天，陈小妞站在月台上对着他挥手，哭着追着火车跑，阳哥说："那时候怎么也没想到，一分开就是永远了。我以为她会坚定地等我回来，我以为她永远不会说离开，我以为距离不会打败真爱，我以为只要我愿意就能跟她长相厮守。"

可是，当兵仅一年，陈小妞便对他提出了分手，迅速而又坚决。

陈小妞说："我想和我爱的人每天过柴米油盐的生活，我以为我爱你就有用不完的力量，我以为我可以等，两年而已啊，并不是很长，可是我不知道我也会累，你不在我身边的时候，我想念想得好累，爸妈反对的那些日子，我一个人挣扎得好累，你说每周通一封信，我一直都在做，可是两年啊，两年的时间原来这么漫长啊，足以耗尽我等你的所有力气，足以改变我坚持下去的信念，足以让我……下定决心放弃你。为了你，我真的什么都做了，可是我累得坚持不下去了。"

这个时候，阳哥才忽然意识到，他的选择留给陈小妞的是什么，是一个人的孤单，是漫长的等待，是不确定的未来，是把所有压力都丢给她一个人承担。

阳哥说："我懊恼，不舍，不甘，不解，直到趋于平静，才终于领悟，自己在这段爱情里到底犯了多大的错误，明明知道异地恋伤感情还要选择分离，知道她父母不同意却没给过她半句安慰，总是以为她很强大，却忘了她也只是一个柔弱的小女孩儿。”

但是爱啊，就是这么后知后觉，当你醒悟，却一切都为时已晚。

[6]

人生就是这么奇怪，你以为只是一个过客，他/她却留下来了，你以为他/她永远不会走，他/她却又离开了。

你们一起走过整个青春时光，一起逛过无数次街，吃过无数种美食，拍了无数张合影，可就在你以为这一切都还有机会继续的时候，这场美梦突然醒了，那个一直依偎在你身旁的人，突然就不见了。

待阳哥喝完眼前的最后一杯酒，我问他：“现在你已经退伍了，有没有想过再把她追回来?”

他说：“她现在有了新的男朋友，也许我最后能给予她的，就是不打扰吧。既然她已经放过从前重新开始，我又何必再去纠缠?”

有些爱情就像山风呼啸过山岗，经过的时候浩浩荡荡，可最后剩下的，却只是无尽的回响和满满的苍凉!

阳哥说："你有没有听过一句话，有些人，光是遇见，就已经赚了！我这辈子能遇见她，谈一场这样的恋爱，被她全心全意地爱一场，就已经是奇迹了。"

我问他："那你还会再爱一个人吗?"

他说："会，也许以前不会，但是爱过她之后会了。"

有些人的出现，只是为了惊艳时光，不负责陪你到永远，但他/她教会了你爱，让你明白原来有的爱情，有的人，真的值得你赴汤蹈火，拿命去换。就算最后分开，你每每想起他/她，心里有的，也只是满满的爱与感激。

一辈子不长，能遇到几个这样真心的好人呢？爱上了就抓住不要放手，在一起了就拼尽全力走到最后，因为一旦错过，也许就永远都找不回来了。